大学物理实验

（第二版）

陶 冶　唐焕芳　杨晓莉　喻凌 **主编**

西南交通大学出版社

·成 都·

图书在版编目（CIP）数据

大学物理实验／陶冶等主编. —2 版. —成都：
西南交通大学出版社，2015.8（2025.1 重印）
ISBN 978-7-5643-4240-1

Ⅰ. ①大… Ⅱ. ①陶… Ⅲ. ①物理学－实验－高等学
校－教材 Ⅳ. ①O4-33

中国版本图书馆 CIP 数据核字（2015）第 204025 号

大学物理实验
（第二版）

陶 冶　唐焕芳　杨晓莉　喻 凌　主编

责 任 编 辑	孟苏成	
封 面 设 计	墨创文化	
出 版 发 行	西南交通大学出版社 （四川省成都市金牛区二环路北一段 111 号 西南交通大学创新大厦 21 楼）	
发 行 部 电 话	028-87600564　028-87600533	
邮 政 编 码	610031	
网　　　　址	http://www.xnjdcbs.com	
印　　　　刷	四川森林印务有限责任公司	
成 品 尺 寸	185 mm × 260 mm	
印　　　　张	12.75	
字　　　　数	319 千	
版　　　　次	2015 年 8 月第 2 版	
印　　　　次	2025 年 1 月第 13 次	
书　　　　号	ISBN 978-7-5643-4240-1	
定　　　　价	28.00 元	

课件咨询电话：028-81435775
图书如有印装质量问题　本社负责退换
版权所有　盗版必究　举报电话：028-87600562

再版前言

　　大学物理实验是高等院校理工科专业的必修课程，其任务是培养学生发现、分析和解决物理问题的能力，使学生系统地掌握物理实验的基本知识、基本方法和基本技能。

　　本书于 2009 年出版了第一版。在第一版的使用过程中，我们大量收集了任课老师和学生的反馈意见。根据大学物理实验教学的基本要求，结合任课教师和学生的反馈意见，为了进一步加强对学生实验技能训练，提升学生对实验数据的处理能力以及综合分析能力，培养学生的科学思维和创新意识，我们在第二版中做了几个方面的改变：首先，加强了数据处理方面内容，使误差理论与数据处理内容更加系统化和实用化；其次，将大学物理实验中的基本仪器的使用独立成章；第三，为了培养学生的综合能力，去掉了第一版各实验项目中给出的实验数据记录表格。通过这 3 个方面的修改，使本书内容更加丰富、实用性更强，也为授课教师留出了更大的空间。

　　本书由陶冶、唐焕芳、杨晓莉和喻凌编写。陶冶对内容进行了重新梳理和编排，并编写第 1 章、第 2 章、实验 29、实验 30、实验 36～实验 40；唐焕芳编写实验 1～实验 8、实验 17～实验 22、实验 31～实验 35；杨晓莉编写实验 9～实验 12、实验 23～实验 27；喻凌编写实验 13～实验 16、实验 28。

　　本书的编写，得到了重庆市特色专业物理学建设资金的资助。长江师范学院张可言教授和卢孟春副教授对改版提出了许多建设性的意见，使我们受益匪浅。同时，在改版过程中，参考了许多优秀教材，在此一并表示衷心的感谢。

　　由于编者水平所限，书中难免有疏漏和不足之处，恳请读者批评指正。

编　者

2015 年 8 月

目　　录

绪　论

物理学是一门实验科学，体现了大多数科学实验的共同特性，其包含的物理实验思想、方法和手段，是其他各学科科学实验的基础。物理学所展现出来的世界观和方法论，深刻影响着人类对自然界的基本认识，影响着人的思维方式和行为习惯，在对人的科学素质的培养中具有十分重要的作用。

大学物理实验是对高等理工科院校学生进行科学实验基本训练的一门独立的必修基础课程，是学生进入大学后接受系统实验方法和实验技能训练的开端，是理工科类各专业学生进行科学实验训练的重要基础。通过本课程的学习和实践，使学生了解科学实验的主要过程与基本方法，为以后的学习和工作奠定良好的基础。

1. 大学物理实验的目的和任务

大学物理实验是大学理工科专业学生的专业基础课，是专业实践的基础，是接受系统实验方法和实验技能训练的开始。在培养学生实验观察、分析和发现问题的能力，培养学生动手能力和创新能力等方面都起着重要的作用。本课程的主要任务是：

第一，使学生掌握物理实验的基本知识，掌握物理实验的基本实验技能。

第二，培养学生的科学实验基本素质，帮助学生初步掌握物理实验的科学思想和方法；培养学生的科学思维和创新意识。

第三，使学生掌握物理实验研究的基本方法，提升学生分析、解决问题的能力和创新能力。

第四，提高学生的科学素养，培养学生理论联系实际和实事求是的科学作风，认真、严谨的科学态度，积极主动的探索精神，遵守纪律、团结协作、爱护公共财产的优良品德。

2. 大学物理实验的基本环节

为很好地完成大学物理实验，学生应注意大学物理实验的 3 个基本环节，并做好每个环节应做的工作。

1）实验前的预习——实验的基础

课前预习是能否很好地完成实验任务的一个重要环节，要求在实验课前查阅相关资料，弄清楚实验原理、实验方法、实验条件、实验关键环节以及注意事项；熟悉实验方案，设计好数据记录表格。对于设计性、研究性实验，还应做好实验方案的设计。只有这样，才能保证实验的顺利进行。

2）实验中的操作——实践的过程

此环节是学生实验的具体操作环节。在进入实验室后，学生应遵守实验室规则，根据实验要求和实验仪器的规定安装、调试好仪器设备，按照拟定的实验方案完成整个实验，并记录好实验的原始数据。

在实验中，应注意以下几个问题：

（1）实验仪器设备的使用条件及操作规范。

（2）细心观察实验过程中出现的各种实验现象以及出现的问题，并试着用理论进行解释。

（3）认真、如实地记录实验数据。

（4）仪器设备的操作应按照操作规程进行，一旦仪器设备出现故障，应在指导教师的指导下学习故障排除的方法。

（5）注意纠正不良的实验操作习惯。

3）实验后的报告——实验的总结

实验总结是实验的最后一个环节，在这个环节中，要对实验数据进行整理和处理，应注意以下几个方面：

（1）保持实验数据的原始性。在数据处理过程中，结果可能不如人愿，但绝不能更改数据，而是要找出原因，有条件时应重新测量。

（2）数据处理应具有可信性。数据的处理应按照科学的数据处理原则进行，处理过程应条理清楚，经得起推敲。

（3）实验曲线的绘制应严格按照绘制规则进行。实验曲线的绘制可采用手工绘制和计算机软件绘制，但不论采用哪一种方法，都应严格地遵守曲线绘制规则，特别是手工绘制时，应尽可能地减小人为因素。

（4）按要求完成实验报告。实验报告是对实验的总结，要求简洁、明了、工整、有见解。在报告中应特别注意对实验结果的分析。

3．大学物理实验的基本要求

大学物理实验的全过程分为 4 个步骤：准备、观测与记录、数据的整理及分析、实验报告。

1）准　备

准备是指实验前所要做的工作。在做一个实验之前，应从两个方面入手进行准备：

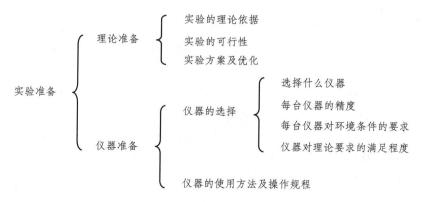

根据上述两点，写出预习报告，在理解各直接测量值和间接测量值之间的关系的基础上，准备好实验中数据记录所需要的各种表格。

2）观测与记录

实验时，按照实验原理及仪器的工作条件安装好仪器。在熟悉仪器的使用方法之后，按照事先拟定的实验方案，进行正式测量（最好在正式测量之前作尝试性测量，以确定整个实验装置是否能够正常工作及粗略检验测量的精确度），并将实验中所测得的数据填入记录表中。

在实验观测中，要注意实验中的各种现象，并尽可能地消除不正常的因素，确保实验的准确性。

3）数据的整理及分析

实验完成之后，按照数据处理的原则处理实验数据，对实验结果做出可靠性分析及评价。

4）实验报告

实验报告是对整个实验过程的全面总结，是交流实验经验、推广实验成果的媒介。学会撰写实验报告是培养学生实验能力的一个方面。实验报告要用简明的形式将实验结果完整地、准确地表达出来，要求结果正确、图表规范、讨论认真、语言通顺、字体端正。实验报告要求在课后独立完成，实验报告的基本内容如下：

（1）实验目的：说明本实验的目的。

（2）实验仪器：列出主要仪器的名称、型号、规格、精度等。

（3）实验原理：在理解的基础上，用简短的文字扼要阐述实验原理，切忌照抄。力求图文并茂，图是指原理图、电路图或光路图；写出实验所用的主要公式，说明各物理量的意义和单位，以及公式的适用条件等。

（4）实验步骤：重点写出"做什么，怎么做"。

（5）数据记录：数据记录应做到整洁清晰，有条理，尽量采用列表法。表格栏内要注明物理量的单位。要实事求是地记录客观现象和实验的原始数据，数据不能随意涂改。确定测错而无用的数据，可在旁边注明"作废"字样，不要任意删去。

（6）数据处理：根据实验目的、数据处理的基本原则对实验数据进行处理、分析，以得到实验结果，并对其进行评定。计算时应先写出主要的计算步骤，将公式化简，再代入数据运算。

（7）结论及不确定度分析：按照标准的形式写出实验结果，并对实验结果进行细致的分析和讨论。

（8）思考：对整个实验进行反思，总结得失。

5）遵守实验室规则

（1）实验前应认真预习，按时上实验课。预习报告交指导教师检查并签字。

（2）进入实验室，必须衣着整洁、保持安静，严禁闲谈喧哗、吸烟、随地吐痰。不得随意动用与本次实验无关的仪器设备。

（3）遵守实验室规则，服从教师指导，按规定和步骤进行实验。认真观察和分析实验现象，如实记录实验数据，不得抄袭他人的实验结果。

（4）注意安全，严格遵守操作规程。爱护仪器设备，节约用水、电、药品和元器件等。

（5）在实验过程中若仪器设备发生故障，应立即报告指导教师及时处理。

（6）实验完毕，应主动协助指导教师整理好实验器材，切断水、电、气源，清扫实验场地。并将实验记录的数据交指导教师检查并签字后，方可以离开实验室。

（7）按指导教师要求，及时认真完成实验报告。

第1章　数据处理基础

1.1　测　量

1.1.1　测量和单位

所谓测量，就是把待测的物理量与一个被选作标准的同类物理量进行比较，确定它是标准量的多少倍。这个标准量称为该物理量的单位，这个倍数称为待测量的数值。由此可见，一个物理量必须由其数值和单位组成，两者缺一不可。

选作比较用的标准量必须是国际公认的、唯一的和稳定不变的。各种测量仪器，如米尺、秒表、天平等，都有符合一定标准的单位和与单位成倍数的标度。

国际上规定了 7 个物理量的单位为基本单位，即长度（米）、质量（千克）、时间（秒）、电流（安培）、热力学温标（开尔文）、物质的量（摩尔）和发光强度（坎德拉）的单位，其他物理量的单位则是由基本单位按一定的计算关系导出的。因此，除基本单位之外的其余单位均为导出单位。

1.1.2　测量的分类

测量的分类方法较多，大多数情况下，可以按照测量结果获得的方法、测量条件来分类。

按照测量结果获得的方法，可将测量分为直接测量和间接测量；按照测量条件是否相同，可将测量分为等精度测量和不等精度测量。

1. 直接测量和间接测量

直接测量就是把待测量与标准量直接比较得出结果。如用米尺测量物体长度，用天平测量物体的质量，用秒表测量物体运动的时间，用电流表测量电流等。

间接测量是指借助于函数关系，由直接测量的结果计算出待测的物理量。例如，测量出单摆的周期和摆长，根据简谐振动的周期公式得出重力加速度就是间接测量。再如，通过测量物体的质量和体积，根据密度公式得到物体的物质密度就是间接测量。

一个物理量能否直接测量不是绝对的，随着科学技术的发展，测量仪器的改进，很多原来只能间接测量的量，现在可以直接测量了。比如，电能的测量本来是间接测量，现在也可以用电能表来进行直接测量。在物理实验中，大多数物理量是间接测量，但直接测量是一切测量的基础。

2. 等精度测量和不等精度测量

等精度测量是指在同一（相同）条件下进行的多次测量。如同一个人，用同一台仪器，每次测量时周围环境条件相同，等精度测量每次测量的可靠程度相同。反之，若每次测量时的条件不同，或测量仪器改变，或测量方法、条件改变，这样所进行的一系列测量叫作非等精度测量。非等精度测量的结果，即使是对同一物理量的测量，其可靠程度也不相同。物理实验中大多采用等精度测量。

1.1.3 仪 器

仪器是指用以直接或间接测出被测对象量值的所有器具，如天平、游标卡尺、停表、惠斯登电桥、光栅摄谱仪等，是进行测量的必要工具。下面简单介绍仪器的精密度、准确度和量程等基本概念。

仪器的精密度是指与仪器的最小分度相当的物理量。仪器的最小分度越小，所测量的物理量的有效数字的位数就越多，仪器的精密度就越高。对测量读数最小一位的取值，一般来讲应在仪器最小分度范围内再进行估计读出一位数字。如具有毫米分度的米尺，其精密度为 1 mm，应该估计读出到毫米的十分位；螺旋测微计的精密度为 0.01 mm，应该估计读到毫米的千分位。

仪器的准确度是指仪器测量读数的可靠程度。它一般标在仪器上或写在说明书上，如电学仪表所标示的级别就是该仪器的准确度。对于没有标明准确度的仪器，可粗略地取仪器最小的分度数值或最小分度数值的一半（一般对连续读数的仪器取最小分度数值的一半，对非连续读数的仪器取最小的分度数值）。在制造仪器时，其最小的分度数值是受仪器的准确度约束的，对不同的仪器准确度是不一样的。如测量长度的常用仪器米尺、游标卡尺、螺旋测微计，它们的仪器准确度依次提高。

仪器的量程是指仪器所能测量物理量的最大值和最小值之差，即仪器的测量范围（有时也将所能测量的最大值称为量程）。测量过程中，超过仪器量程使用仪器是不允许的，轻则仪器准确度降低，使用寿命缩短，重则损坏仪器。

实验仪器有许多性能指标。但在实验中要注意的、最基本的是它的测量范围、准确度等级以及工作条件。

综上所述，在对实验仪器的选择时，对仪器的准确度等级的选择要恰当，一般是在满足测量要求的条件下，尽可能选用准确度低的仪器。减少准确度高的仪器的使用次数，可以减少在反复使用时的损耗，延长其使用寿命。

1.2 误差的基本概念与精度

1.2.1 误差的基本概念及分类

1. 误差的概念

1）绝对误差

测量的目的，是获得被测量所具有的客观真实数据。这个物理量在客观上存在的真实数据称为真值。然而，在实际测量过程中，由于受实验条件、实验方法、仪器精度以及实验人员操作水平的限制，物理量的真值是不可能获得的，能得到的只是最接近该物理量真值的近似值，这就使得测量值与客观真值之间有一定的差异。为描述测量中这种客观存在的差异性，我们引进测量误差的概念。

误差就是测量值 x 与客观真值 x_0 之差。即

$$\Delta x = x - x_0 \tag{1-2-1}$$

根据真值的概念可知，被测物理量的真值只是一个理想概念，一般来说真值是不知道的。为了能够得到对测量结果误差的估算，提出了约定真值的概念，用以代替真值。所谓约定真值就是被认为是非常接近真值的值，一般情况下，多次测量结果的算术平均值、标称值、校准值、理论值、公认值、相对真值等均可作为约定真值来使用。

上面定义的误差称为绝对误差，它所反映的是测量值偏离真值的程度——测量的可靠程度。设测量值的约定真值为 a，则测量值 x 的绝对误差为

$$\Delta x = x - a \tag{1-2-2}$$

2）相对误差

绝对误差可以表示某一测量结果的优劣，但在比较不同测量结果时则不适用，需要用相对误差表示。例如，用同一仪器测量长 10 m 相差 1 mm 与测量长 100 m 相差 1 mm，其绝对误差相同，但绝对误差所占比例完全不同。因此，引入相对误差的概念。相对误差是绝对误差与真值之比，真值不能确定时，则用约定真值。在近似情况下，相对误差也往往表示为绝对误差与测量值之比。相对误差常用百分数表示，一般保留两位有效数字。即

$$\varepsilon = \frac{|\Delta x|}{a} \times 100\% \approx \frac{|\Delta x|}{x} \times 100\% \tag{1-2-3}$$

2. 误差的来源及分类

误差处理应视其产生的条件，采用不同的处理方法。这就需要了解各种不同类型误差的特点、产生的原因、服从的规律，从而有针对性地解决问题，将误差减小甚至消除。

根据误差的性质和产生的原因，可将误差分为系统误差、随机误差和粗大误差。

1）系统误差

系统误差是指在一定条件下多次测量的结果总是向同一方向偏离，其大小和符号一定或按一定规律变化。系统误差的特征是具有一定的规律性，可采取一定的措施削减或消除它。系统误差的来源有以下几个方面：

（1）仪器误差。它是由于仪器自身的缺陷或没有按规定条件使用仪器而造成的误差。例如，仪器安装不符合要求、环境条件未达到仪器的要求、仪器零点不准确等。

（2）理论误差。它是由于测量所依据的理论公式本身的近似性，或实验条件不能达到理论公式所规定的要求，或测量方法等带来的误差。

（3）人身误差。它是由于实验者本人心理或生理特点造成的误差。

2）随机误差（也称偶然误差）

在实际测量条件中，对同一被测量进行等精度测量时，误差的符号时正时负，误差的绝

对值时大时小，以不可确定的方式变化着的误差叫作随机误差。当测量次数增多时，随机误差就显示出明显的规律性。

3）粗大误差

明显超出规定条件下预期值的误差称为粗大误差。这是在实验过程中，由于某种差错使得测量值明显偏离正常测量结果的误差。例如，实验方法不合理、用错仪器、操作不当、读错数值或记错数据，或者环境条件突然变化而引起测量值的错误等，这是一种人为的过失误差，不属于测量误差。只要测量者采用严肃认真的态度，过失误差是可以避免的。在实验数据处理中，应按一定的规则来剔除异常数据，消除粗大误差。

对于实验中可能会出现错误的数据，如果这种数据偏离较大，很容易看出，则可直接将其舍去。而有的错误数据不容易被发现，这就要求在实验过程中注意：实验条件对实验原理要求的满足程度，实验装置、电路的正确性，观测方法是否正确，仪器操作是否正确，等等；在保证这些要求都到达之后，还应按照数据处理原理对测量所得的数据进行检验，以剔除数据中的不合理数据，从而保证实验结果的正确性。

1.2.2　精　度

精度是仪器的准确度与精密度的总称，反映了测量结果与真值的逼近程度，它是与误差紧密相关的，一般与误差的大小相对应。根据实际情况，精度可以分为准确度、精密度和精确度 3 类，它们分别描述了不同误差对测量结果的影响。

准确度：反映系统误差对测量结果的影响程度，即测量结果偏离真值的情况。

精密度：反映随机误差对测量结果的影响程度，即测量结果的分散情况

精确度：综合反映了系统误差、随机误差对测量结果的影响程度。

准确度、精密度和精确度 3 种情况可以用图 1-2-1 描述。

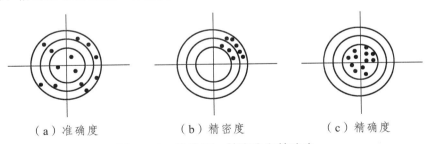

（a）准确度　　　　　（b）精密度　　　　　（c）精确度

图 1-2-1　准确度、精密度和精确度

由此可见，对于具体的测量，精密度高，准确度不一定高；准确度高，精密度也不一定高；只有精确度高，才能说精密度和准确度都高。

1.3　有效数字及其运算

由于各种客观原因的影响，测量结果包含有误差，则在测量结果和数据的运算过程中，

确定用多少位数字表示测量或运算结果就十分重要。实际上，由于测量结果是一个近似值，精度有限，而这个精度又取决于测量仪器的精度，因此，记录测量结果的数据位数或者进行数据运算过程中取值位数都应以精度为依据，而不是以小数点后面数据位数的多少为标准。实验中总是要记录很多数据，并进行计算，但是记录时应取几位，运算过程中或者运算结果后应保留几位，这是实验数据处理的重要问题，为此我们引入了有效数字的概念。

1.3.1　有效数字与读数规则

1. 有效数字

由测量得到的准确读数，再加上第一位可疑读数，统称为测量结果的有效数字。由此可见，有效数字的最后一位数字是不确定的，有效数字的多少表示了测量所能达到的准确程度，这与所用的测量工具有关。即当被测物理量和测量仪器选定后，测量值的有效数字位数就已经确定了。比如，米尺测量的长度值 132.6 mm，螺旋测微计测量的长度值 5.685 mm，电子秒表测量的时间值 36.24 s，它们的最后一位就是可疑读数，也叫作欠准数。虽然有效位数的最后一位欠准可疑，但不是无中生有，而是有根据、有意义的，显然，有一位欠准数字，就使测量值更接近真实值，更能反映客观实际。因此，测量值应当保留到这一位是合理的，即使估计位是 0，也不能舍去。测量结果一般只能保留一位欠准数字，故测量数据的有效位数定义为几位可靠数字加上一位欠准数字。有效位数数字的个数叫作有效数字的位数，如 132.6 mm 称为 4 位有效位数。

2. 仪器的读数规则

测量就要从仪器上读数，读数包括仪器上指示的全部确定的数字和能够估计出来的数字。在测量中，有一些仪器读数是需要估读的，如米尺、螺旋测微计、指针式电表等分度式仪表，读数要根据人眼的分辨能力读到最小分度的 1/10。但有的指针式仪表，它的分度较窄，而指针较宽（大于分度的 1/5），这时要读到最小分度的 1/10 有困难，可以读到分度的 1/5 甚至 1/2。

3. 有效位数的认定

（1）有效数字的位数与小数点的位置无关。如 4.76 与 0.047 6 都是 3 位有效数字，可见由大单位转换为小单位或小单位转换为大单位时，原数的有效位数不变。

（2）以第一个不为零的数字为标准，它左边的 0 不是有效数字，而它右边的 0 是有效数字。如 0.015 7 是 3 位有效数字，0.157 0 是 4 位有效数字。可见，作为有效数字的“0”，不可省略不写。例如，不能将 0.157 0 cm 写成 0.157 cm，因为它们的准确程度是不同的。

1.3.2　有效数字的运算规则

有效数字在进行运算时，参加运算的分量可能很多。各分量数值的大小和有效数字的位数也不相同，而且在运算过程中，有效数字的位数会越乘越多，除不尽时有效数字的位数也无止境。即便是使用计算器，也会遇到中间数的取位问题以及如何更简洁的问题。测量结果的有效位数，只能允许保留一位欠准确数字，直接测量是如此，间接测量的计算也是如此。

根据这一要求，为了达到：① 不因计算而引进误差，影响结果；② 尽量简洁，不做徒劳的运算，简化有效位数的运算，约定下列规则：

1．加法或减法运算

$$276.\underline{1} + 2.66\underline{8} = 278.\underline{768} = 278.\underline{8}$$
$$56.7\underline{2} + 2.23\underline{8} = 54.4\underline{82} = 54.4\underline{8}$$

大量计算表明，几个数相加减时，其运算后的末位，应当和参加运算各数中最先出现的可疑位一致。即最后运算结果的可疑数字与各数值中最先出现的可疑数字对齐。可见，若干个直接测量值进行加法或减法计算时，选用精度相同的仪器最为合理。

2．乘法和除法运算

$$683.7\underline{2} \times 21.\underline{6} = 14\,7\underline{68.352} = 1.4\underline{8} \times 10^4$$
$$2\,569.\underline{4} \div 19.\underline{5} = 13\underline{1.764\,1 \cdots} = 13\underline{2}$$

几个有效数字进行乘法或除法运算时，运算结果的有效数字的位数与参与运算的各个量中有效数字的位数最少者相同。可见，若干个直接测量值进行乘法或除法计算时，应按照有效位数相同的原则选择不同精度的仪器最为合理。

3．乘方和开方运算

$$(4.25\underline{6})^2 = 18.1\underline{13\,536} = 18.1\underline{1}$$
$$\sqrt{32.\underline{8}} = 5.72\underline{7\,13} = 5.7\underline{3}$$

乘方和开方运算的有效数字的位数与其底数的有效数字的位数相同。

4．三角函数、对数运算

对于这类运算，可将函数的自变量末位数变化 1，两个运算结果产生差异的最高位就是应保留的有效位的最后一位。

例如，已知 $x = 43°26'$，求 $\sin x = ?$

由计算器运算（或查表）可知

$$\sin 43°26' = 0.687\,510\,098\,5$$
$$\sin 43°27' = 0.687\,721\,305\,1$$

由此可知应取

$$\sin 43°26' = 0.687\,5$$

1.3.3　有效位数的修约

根据有效数字的运算规则，为使计算简化，在不影响最后结果应保留有效数字的位数（或欠准确数字的位置）的前提下，可以在运算前后对数据进行修约，其修约的原则是"四舍六入五看右左"。所谓"四舍"，就是在拟舍弃的数字中，若右边第一个数字小于 5 时，则舍去，即所拟保留的末位数字不变。"六入"，就是在拟舍弃的数字中，若右边第一个数字大于 5 时，则进一，即所拟保留的末位数字加一。"五看右左"，就是有效数字末位的后面一位为 5 时，要先看 5 的后面，若为非零的数则"入"，若为零则往左看，拟保留的末位数为奇数则"入"，为偶数则"舍"。中间运算过程较结果要多保留一位有效数字。下面举例加以说明，要求给出的每个数都保留 4 位有效数字。

$$25.673\underline{2} \rightarrow 25.67 \qquad\qquad 345.\underline{67} \rightarrow 345.\underline{7}$$

$$132.\underline{351} \rightarrow 132.\underline{4} \qquad\qquad 645.8\underline{5} \rightarrow 645.\underline{8}$$

$$645.7\underline{5} \rightarrow 645.\underline{8}$$

这样处理可使"舍"和"入"的机会均等，避免在处理较多数据时因入多舍少而带来的误差。

值得指出的是，在修约最后结果的不确定度时，为确保结果的可信性，往往根据实际情况执行"宁大勿小"的原则，即对不确定度来说，采取"只入不舍"的原则。比如，对于 $u(x_1) = 0.032 \text{ mm}$ 和 $u(x_2) = 0.038 \text{ mm}$，都应收为 $u(x) = 0.04 \text{ mm}$。

1.3.4 数字的科学计数法

根据有效位数的规定，在十进制单位换算中，其测量数据的有效位数不变。如以米尺测量某一物体的长度为 2.35 cm，若以米或毫米为单位，可以表示成 0.023 5 m 或 23.5 mm，这两个数仍然是 3 位有效数字。为了避免单位换算中位数很多时写一长串，或计数时出现错位，常常采用科学计数法。通常是在小数点前保留 1 位整数，写成 $a \times 10^n$ 的形式（其中 $1 \leqslant a < 10$），n 称为该数的数量级。例如：

$$3.548 \text{ mm} = 3.548 \times 10^{-3} \text{ m} = 3.548 \times 10^{-6} \text{ km}$$

$$6\ 721 \text{ km} = 6.721 \times 10^3 \text{ km} = 6.721 \times 10^6 \text{ m} = 6.721 \times 10^8 \text{ cm}$$

实验中，最后结果要求采用科学计数法表示。

1.4　误差的分类及处理方法

误差是客观存在的，在实验中能做到的就是尽可能采取一切办法，将误差降到最低，使测量结果更加接近其客观真实值。为此，在获得测量数据之后，对所得数据根据实际情况进行处理，而这个处理除了进行测量结果的最后计算以外，更多的是通过数据处理，找到误差的来源，尽可能地减小或消除误差对测量结果的影响，以获得最好的测量结果。根据前面对误差的分类，不同的误差在测量中呈现出的规律、特点不同，因此，在实际的数据处理中，也应该根据不同的误差来源，采取不同的数据处理方法。

1.4.1　随机误差的处理

1. 随机误差的产生原因

随机误差是指在同一测量条件下，多次测量同一物理量时，误差绝对值和符号以不可预见的方式变化的误差。实际上就是，在对同一物理量进行测量时，可以得到一个测量列，每个测量值都包含误差，这些误差没有确定的规律，不能从前一个误差预测下一个误差的大小和方向，但就整体而言，却呈现出某种统计规律。

引起随机误差的原因很多，主要与人的感官的灵敏度、仪器精密度的限制、周围环境因素的干扰等因素有关。例如，仪器显示数值的估计读数位偏大或偏小；仪器调节平衡时，平衡点确定不准；空间电磁场的干扰、电源电压的波动引起测量的变化等。主要有以下几方面：

（1）测量装置方面的因素。主要涉及仪器的不稳定性，零部件配合得不好，零部件的变形、信号处理电路的随机噪声等。

（2）环境方面的因素。主要涉及环境温度、湿度、气压的变化，光照强度、电磁场变化等。

（3）人为方面的因素。主要涉及人在读数时瞄准、读数不稳定，人为操作不当等。

总之，随机误差是由于一系列微小的、不确定的随机因素造成的。

2. 随机误差的特点

实践和理论都已证明，随机误差服从一定的统计规律（正态分布，见图 1-4-1），其特点是：

（1）单峰性：绝对值小的误差出现的概率比绝对值大的误差出现的概率大。

（2）对称性：绝对值相等的正负误差出现的概率相同。

（3）有界性：绝对值很大的误差出现的概率趋于零。

（4）抵偿性：误差的算术平均值随着测量次数的增加而趋于零。

因此，增加测量次数可以减小随机误差，但不能完全消除。在实际测量中，常用多次测量的算术平均值代替真值来减小随机误差。

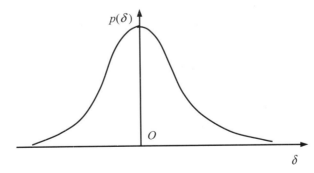

图 1-4-1　随机误差分布图

横坐标表示绝对误差，纵坐标表示某误差出现的概率

3. 算术平均值

对某量进行一系列等精度测量时，由于存在随机误差，因此，获得的测量值不完全相同，

此时应以算术平均值作为最后的测量结果。

设对某一物理量进行 n 次测量，得到测量值 l_1，l_2，$\cdots$，l_n，则算术平均值为

$$\bar{x} = \frac{l_1 + l_2 + \cdots + l_n}{n} = \frac{1}{n}\sum_{i=1}^{n} l_i \qquad (1\text{-}4\text{-}1)$$

设该物理量的真值为 L_0，每次测量值对应的绝对误差为 δ_i（$i = 1$，2，$\cdots$，n），则有

$$\delta_i = l_i - L_0 \qquad (1\text{-}4\text{-}2)$$

由此可得

$$\delta_1 + \delta_2 + \cdots + \delta_n = (l_1 + l_2 + \cdots l_n) - nL_0$$

或

$$\sum_{i=1}^{n} \delta_i = \sum_{i=1}^{n} l_i - nL_0$$

$$L_0 = \frac{\sum_{i=1}^{n} l_i}{n} - \frac{\sum_{i=1}^{n} \delta_i}{n} \qquad (1\text{-}4\text{-}3)$$

当测量次数足够多时，随机误差服从正态分布，根据随机误差的特征，则有

$$\bar{x} = \frac{\sum_{i=1}^{n} l_i}{n} \to L_0 \qquad (1\text{-}4\text{-}4)$$

由式（1-4-4）可以看出，如果能够对某一量进行无限多次测量，就可得到不受随机误差影响的测量值，或其影响很小，可以忽略。因此，可以得出这样一个结论：当测量次数无限增大时，算术平均值最接近于真值。但是，由于实际测量次数是有限的，也无法做到无限多次测量，就只能在测量次数足够多的条件下，将算术平均值近似地作为被测量的真值。

4. 等精度测量的标准差

1）单次测量列的标准差

所谓等精度测量，是指在重复性条件下对同一物理量进行的多次测量。由于误差的存在，这个等精度测量列中的每一个数据一般不相同，相对其算术平均值具有一定的分散性，而这个分散程度正好说明了单次测量数据的不可靠性，应有一个指标来评定其不可靠性。

根据随机误差的特点与其所服从的统计规律，以其标准差作为其不可靠性的评定标准。根据数理统计知识，符合正态分布的随机误差的标准差为

$$\sigma = \sqrt{\frac{\sum \delta_i^2}{n}} \qquad (1\text{-}4\text{-}5)$$

在式（1-4-5）中，δ_i 是等精度测量的绝对误差，即测量值与真值之差。由于真值是一个理想概念，在实际中用算术平均值代替真值，因此，式（1-4-5）中的绝对误差 δ_i 应用残差表示。所谓残差，是指某一物理量的测量数值与其等精度测量的算术平均值之差：

$$v_i = l_i - \overline{x} \qquad\qquad (1\text{-}4\text{-}6)$$

当用残差代替绝对误差之后，考虑到绝对误差与残差之间的关系，式（1-4-5）改写为

$$\sigma = \sqrt{\frac{\sum v_i^2}{n-1}} \qquad\qquad (1\text{-}4\text{-}7)$$

此式也称为贝塞尔公式。

  2）测量列算术平均值的标准差

  在等精度条件下，对同一物理量进行多次测量，可得到多个测量列，而每个测量列的数据个数相同。在这种测量中，每个测量列都以算术平均值为其结果。但是，每个测量列的算术平均值不尽相同，它们相对于真值有分散性，这个分散性说明了算术平均值的不可靠性。因此，必须考虑算术平均值不可靠的评定标准。在误差理论中，用算术平均值的标准差表征同一被测量的各个独立测量列算术平均值分散性的参数，并作为算术平均值不可靠性的评定标准。

  多次测量的算术平均值标准差计算公式为

$$\sigma_{\overline{x}} = \frac{\sigma}{\sqrt{n}} \qquad\qquad (1\text{-}4\text{-}8)$$

  综上所述，在 n 次测量的等精度测量列中，如果算术平均值的标准差为单次测量标准差，则当 n 越大，算术平均值越接近被测量的真值，测量精度也越高。由此可见，增加测量次数，可以提高测量精度，但是，由式（1-4-8）可以看出，测量精度是与 n 的平方根成反比，因此要显著提高测量精度，必须付出较大的劳动。由图 1-4-2 可知，σ 一定时，当 $n>10$ 以后就减小很慢；此外，增加测量次数难以保证等精度测量的测量条件，从而引入新的误差，因此一般情况下取 $n = 10$ 以内较为适宜。总之，提高测量精度，应采取适当精度的仪器，选取适当的测量次数。

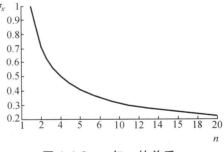

图 1-4-2 σ 与 n 的关系

5. 不等精度测量的标准差

  在实际的测量过程中，为了得到更加精确的测量结果，很多数据分别采用了不同的仪器、不同的方法、不同的时期测量。为了使得测量结果满意、可信，甚至要改变测量条件。这些测量都属于不等精度测量。而对于这些不等精度测量的结果，需要进行综合分析、研究，才能得到最为满意的准确的结果。但是，由于不是等精度测量，显然，前面等精度测量的计算公式不再适用，需要得到新的计算公式。

  1）权的概念及确定方法

  在等精度测量中，由于关于测量的所有条件都是相同的，因此，可以认为各个测量值具有相同的可靠程度，取所有测量值的算术平均值作为最后的测量结果。但是，在不等精度测量中，各个测量结果的可靠程度不一样，不能简单地用各测量结果的算术平均值作为最后的

测量结果。在诸多测量结果的算术平均值中，根据使测量结果最接近真值的原则，应让可靠程度大的测量结果在最后测量结果中占有的比重大些，可靠程度小的占比重小些。各测量结果的可靠程度可用一数值来表示，这一数值即称为该测量结果的"权"，记为p，可以理解为当它与另一些测量结果比较时，对该测量结果所给予信赖的程度。

测量结果的权说明了测量的可靠程度，这也决定了确定权的基本原则。其中，最简单的方法可按测量的次数来确定权，理由是：测量条件和测量者水平都相同时，重复测量次数越多，其可靠程度越高。根据这个原则，可认为每个测量列算术平均值的权等于该测量列的测量次数，即$p_i = n_i$。

设同一被测量有m组不等精度的测量结果，这m组测量结果是从单次测量精度相同而测量次数不同的一系列测量值求得的算术平均值。由于单次测量精度皆相同，其标准差均为σ，则各组算术平均值的标准差与权的关系为

$$p_1 : p_2 : p_3 : p_4 = \frac{1}{\sigma_{\bar{x}_1}^2} : \frac{1}{\sigma_{\bar{x}_2}^2} : \frac{1}{\sigma_{\bar{x}_3}^2} : \frac{1}{\sigma_{\bar{x}_4}^2} \qquad (1\text{-}4\text{-}9)$$

即每组测量结果的权与其相应的标准偏差平方成反比。由此可见，在已知各组算术平均值的标准差时，由式（1-4-9）可得到相应权的大小。

注意：测量结果权的数值只表示各组间的相对可靠程度，它是一个无量纲的数，允许各组的权数同时增大或减小若干倍，而各组间的比例关系不变。通常将各组的权数予以约简，使其中最小的权数为不可再约简的整数，以便用简单的数值来表示各组的权。

2）加权算术平均值

计算公式

$$\bar{x} = \frac{\sum\limits_{i=1}^{m} p_i \bar{x}_i}{\sum\limits_{i=1}^{m} p_i} \qquad (1\text{-}4\text{-}10)$$

当各组的权相等，加权算术平均值可简化为

$$\bar{x} = \frac{p \sum\limits_{i=1}^{m} \bar{x}_i}{mp} = \frac{\sum\limits_{i=1}^{m} \bar{x}_i}{m} \qquad (1\text{-}4\text{-}11)$$

3）单位权及加权算术平均值的标准差

由式（1-4-9）可知

$$p_i \sigma_{\bar{x}_i}^2 = \sigma^2 \quad (i = 1, 2, \cdots, m)$$

此式又可表示为

$$p_i \sigma_{\bar{x}_i}^2 = p\sigma^2 \quad (p = 1) \qquad (1\text{-}4\text{-}12)$$

式中，σ为某精度单次测量值的标准差。由此可知，具有同一方差σ^2的等精度单次测量值的权数为1。如果已知σ^2，只要确定p_i，根据式（1-4-12）就可求出各组的方差。由于测得值

方差的权数为 1，则称等于 1 的权为单位权，而 σ 为具有单位权的测得值方差，σ 为具有单位权的测得值标准差。

所谓单位权化的思想，就是将一些不等权测量问题化为等权测量问题来处理，以便于利用已有的等精度测量的计算公式进行计算。由此可得到计算公式

$$\sigma_{\bar{x}} = \sigma_{\bar{x}_i} \sqrt{\frac{p_i}{\sum\limits_{i=1}^{m} p_i}} = \frac{\sigma}{\sqrt{\sum\limits_{i=1}^{m} p_i}} \qquad (1\text{-}4\text{-}13)$$

6. 极限误差

测量的极限误差又称极端误差，表示测量结果（单次测量或测量列的算术平均值）有 p 的概率处于其范围之内，而处于其外的概率 $1 - p$ 可以忽略不计。它包含了允许误差的绝大部分。

1）单次测量的极限误差

如果测量列的测量次数足够多，且单次测量误差为正态分布时，根据概率论知识，测量列单次测量的极限误差为

$$\delta_{\lim} x = \pm t\sigma \qquad (1\text{-}4\text{-}14)$$

式中，t 为置信系数，其取值由正态分布积分表确定。

式（1-4-14）表明随机误差不超出（$-t\delta$，$+t\delta$）的概率为 $p = 2\varphi(t)$，超出相应区间的概率为 $p' = 1 - 2\varphi(t)$。

2）算术平均值的极限误差

测量列的算术平均值与被测量的真值之差称为算术平均值误差。当多个测量列的算术平均值误差为正态分布时，根据概率论知识，同样可得测量列算术平均值的极限表达式为

$$\delta_{\lim} \bar{x} = \pm t\sigma_{\bar{x}} \qquad (1\text{-}4\text{-}15)$$

式中，t 为置信系数，$\sigma_{\bar{x}}$ 为算术平均值的标准差。通常取 $t = 3$，则

$$\delta_{\lim} \bar{x} = \pm 3\sigma_{\bar{x}} \qquad (1\text{-}4\text{-}16)$$

实际测量中视具体情况，也可取其他 t 值。但是，当测量列的测量次数较少时，应按 t 分布来计算测量列算术平均值的极限误差，即

$$\delta_{\lim} \bar{x} = \pm t_\alpha \sigma_{\bar{x}} \qquad (1\text{-}4\text{-}17)$$

式中，t_α 为置信系数，它由给定的置信概率和自由度来确定（详见 t 分布表）。一般以超出极限误差的概率（称显著度或显著水平）表示，通常取 $\alpha = 0.01$ 或 0.02，0.05；n 为测量次数；$\sigma_{\bar{x}}$ 为 n 次测量的算术平均值标准差。

【例 1-4-1】 对某量进行 6 次测量，测得数据如下：802.40，802.50，802.38，802.48，802.42，802.46。求算术平均值及其极限误差。

解：

算术平均值：$\bar{x} = \dfrac{\sum\limits_{i=1}^{n} l_i}{n} = \dfrac{\sum\limits_{i=1}^{6} l_i}{6} = 802.44$

标准差：$\sigma = \sqrt{\dfrac{\sum\limits_{i=1}^{n} v_i^2}{n-1}} = \sqrt{\dfrac{\sum\limits_{i=1}^{6} v_i^2}{6-1}} = 0.047$

$$\sigma_{\bar{x}} = \dfrac{\sigma}{\sqrt{n}} = \dfrac{0.047}{\sqrt{6}} = 0.019$$

由于测量次数较少，应按照 t 分布计算算术平均值的极限误差。已知

$$\nu = n - 1 = 5$$

取 $\alpha = 0.01$，则由 t 分布表查得 $t_\alpha = 4.03$。因此算术平均值的极限误差为

$$\delta_{\lim}\bar{x} = \pm t_\alpha \sigma_{\bar{x}} = \pm 4.03 \times 0.019 = \pm 0.076$$

若按正态分布计算，取 $\alpha = 0.01$，相应的置信概率 $p = 1 - \alpha = 0.99$，由正态分布表查得 $t = 2.60$，则算术平均值的极限误差为

$$\delta_{\lim}\bar{x} = \pm t \sigma_{\bar{x}} = \pm 2.60 \times 0.019 = \pm 0.049$$

1.4.2 系统误差的处理

1. 系统误差的产生原因

系统误差是指在一定条件下多次测量的结果总是向同一方向偏离，其大小与符号一定或按一定规律变化。系统误差的特征是具有一定的规律性，可采取一定的措施削减或消除它。系统误差的来源有以下几个方面：

（1）仪器误差。它是由于仪器自身的缺陷或没有按规定条件使用仪器而造成的误差。例如，仪器安装不符合要求、环境条件未达到仪器的要求、仪器零点不准确等等。

（2）理论误差。它是由于测量所依据的理论公式本身的近似性，或实验条件不能达到理论公式所规定的要求，或测量方法等带来的误差。

（3）人身误差。它是由于实验者本人心理或生理特点造成的误差。

由于系统误差所带来的后果是造成测量结果偏离真值，因此，在任何一项实验工作或者具体测量中，必须要想尽一切办法，最大限度地找出系统误差的来源和大小，对测量结果进行修正，达到消除或减小系统误差的目的。

2. 系统误差的特点及判断方法

发现系统误差需要改变实验条件和实验方法，反复进行对比。系统误差的消除或减小是比较复杂的一个问题，没有固定不变的方法，要具体问题具体分析，各个击破。产生系统误差的原因可能不止一个，一般应找出影响测量的主要因素，有针对性地消除或减小系统误差。

虽然如此，系统误差仍然有它自身的特点，抓住这些特点，就能较好地减小或者消除系统误差，进而提高测量的准确度。

根据系统误差的定义可知，在同一条件下，多次测量同一测量值时，误差的绝对值和符号保持不变，或者在条件改变时，误差呈现出一定的规律性，是固定的或者是服从一定函数规律的误差。正是由于这种特征，系统误差不具有抵偿性，多次重复测量不能减小或消除系统误差。因此，从广义上讲，系统误差是指服从某一确定规律变化的误差。

根据系统误差的特征，可以分为不变系统误差和变化系统误差两大类。

1）不变系统误差

不变系统误差指在整个测量过程中，误差的大小和符号始终是不变的。如千分尺或测长仪读数装置的调零误差，电流表零点不准等，均为不变系统误差。它对每一测量值的影响均为一个常量，属于最常见的一类系统误差。

2）变化系统误差

变化系统误差指在整个测量过程中，误差的大小和方向随测试的某一个或某几个因素按确定的函数规律而变化。这种系统误差类型很多，大体上可分为以下几种：

（1）线性变化的系统误差。线性变化的系统误差是指在整个测量过程中，随着测量值或者时间的变化，误差值成比例地增大或者减小。例如，某刻度尺以毫米为单位，但是，由于制造的原因，刻划误差为 Δx，由此造成的每一刻度间的实际长度为 $x + \Delta x$，当用其测量某一物体长度时，被测量实际长度为

$$X = K(x + \Delta x) \text{ mm}$$

由此形成了随测量值大小变化的系统误差：$- K\Delta x$。

（2）周期变化的系统误差。周期变化的系统误差是指在整个测量过程中，随着测量值或事件的变化，误差值按周期性规律变化。例如，对于指针式仪表，由于指针的回转中心与刻度盘的几何中心不完全重合，有一偏心值 e，指针在任一转角所引起的读数误差为

$$\Delta \phi = e \sin \phi$$

即由此引起的系统误差符合正弦规律。

（3）复杂规律变化的系统误差。复杂规律的系统误差是指在整个测量过程中，误差按照确定的、复杂的规律变化。例如，微安表的指针偏转角与偏转力矩没有严格的线性关系，而表盘采用的是均匀刻度，由此可形成一种比较复杂的系统误差。

3. 系统误差的减小与消除

由于形成系统误差的原因复杂，目前尚没有能够适用于发现各种系统误差的普遍方法。但是我们可针对不同性质的系统误差，利用相应的方法加以识别，达到最终减小或者消除系统误差的目的。

1）实验对比法

实验对比法是改变产生系统误差的条件，进行不同条件的测量，以发现系统误差。这种方法适用于发现不变的系统误差。

此种方法最常用的就是用精度更高的同类仪器进行对比测量。

2）残余误差观察法

残余误差观察法是根据测量列的各个残余误差大小和符号的变化规律，直接由误差数据或误差曲线图形来判断有无系统误差。这种方法适于发现有规律变化的系统误差。

其方法是：按照测量的先后顺序，将测量列的残余误差列表或者作图进行观察，以判断有无系统误差。这种方法的缺陷在于不能发现不变系统误差。

3）残余误差校核法

包括两种方法：

（1）马利科夫准则。马利科夫准则用于发现线性系统误差。将测量列中前 K 个残余误差相加，后 $n-K$ 个残余误差相加[当 n 为偶数，取 $K=n/2$；n 为奇数，取 $K=(n+1)/2$]，两者相减得

$$\Delta = \sum_{i=1}^{K} v_i - \sum_{j=K+1}^{n} v_j \qquad (1\text{-}4\text{-}18)$$

若上式的两部分差值 Δ 显著不为 0，则有理由认为测量列存在线性系统误差。马利科夫准则能有效地发现线性系统误差。但要注意的是，有时按残余误差校核法求得差值 $\Delta = 0$，仍有可能存在系统误差。

（2）阿卑-赫梅特准则。阿卑-赫梅特准则用于发现周期性系统误差。令

$$u = \left| \sum_{i=1}^{n-1} v_i v_{i+1} \right| = \left| v_1 v_2 + v_2 v_3 + \cdots v_{n-1} v_n \right| \qquad (1\text{-}4\text{-}19)$$

若 $u > \sqrt{n-1}\sigma^2$，则认为该测量列中含有周期性系统误差。

4）不同公式计算标准差比较法

对等精度测量，可用不同分式计算标准差，通过比较以发现系统误差。按贝塞尔公式

$$\sigma_1 = \sqrt{\frac{\sum_{i=1}^{n} v_i^2}{n-1}}$$

按别捷尔斯公式

$$\sigma_2 = 1.253 \frac{\sum_{i=1}^{n} |v_i|}{\sqrt{n(n-1)}}$$

构建一个函数 $\sigma_1/\sigma_2 = 1+u$，若

$$|u| \geqslant \frac{2}{\sqrt{n-1}} \qquad (1\text{-}4\text{-}20)$$

则怀疑测量列中存在系统误差。

在使用这些方法进行有无系统误差及系统误差类别的判断时,要注意每个准则的局限性。

在遵守这些准则时，违反"准则"即可直接判定存在系统误差，而在遵守"准则"时，不能得出"不含系统误差"的结论。

1.4.3 粗大误差的处理

1. 粗大误差的产生原因

产生粗大误差的原因是多方面的，大致可归纳为：

（1）测量人员的主观原因。测量人员的主观原因主要是测量人员的工作责任心不强，测量时不认真、没有耐心而造成的读数或者错误的记录。这也是粗大误差的主要来源。

（2）客观外界条件的原因。客观外界条件造成的粗大误差主要来自于客观条件的意外突变而引起的仪器显示或者被测对象的变化。

2. 粗大误差的防止与消除

粗大误差的出现，会严重歪曲实验结果，在实验中是必须避免的。在实际测量过程中，严重偏离测量结果的粗大误差是可以从测量数据看出的，但也存在一些从测量数据中无法直接看出的粗大误差，如果不将其从测量数据中剔除，会造成测量结果的不准确。

根据粗大误差产生的主要原因可以看出，对粗大误差的防止与消除，首先是加强测量人员的责任心，提高测量人员的测量水平，要求测量人员应有严格的科学态度。其次，应保证测量条件的稳定，不在环境条件有较大变化时进行测量工作。在满足这两点的条件下，一般的粗大误差是可以避免的。

3. 粗大误差的判断准则

对于测量数据中是否含有粗大误差，在剔除时应特别谨慎，应在充分的分析和研究之后，根据相应的判别准则进行剔除。一般用于粗大误差判别的准则主要有如下几种：

1）3σ准则

计算每个数据的残差 v_i，若残差满足

$$|v_d| = |x_d - \overline{x}| > 3\sigma \qquad (1\text{-}4\text{-}21)$$

则可认为第 d 个数据含有粗大误差，应予以剔除。但要注意的是：在 $n \leqslant 10$ 的情形，用 3σ 准则剔除粗误差注定失败。为此，在测量次数较少时，最好不要选用 3σ 准则。

2）格罗布斯准则

设对某物理量进行多次等精度独立测量，得 x_1，x_2，…，x_n，且 x_i 服从正态分布。将 x_i 按大小顺序排列：

$$x_{(1)} \leqslant x_{(2)} \leqslant \cdots \leqslant x_{(n)}$$

格罗布斯给出了 $g_{(n)} = \dfrac{x_{(n)} - \overline{x}}{\sigma}$ 及 $g_{(1)} = \dfrac{\overline{x} - x_{(1)}}{\sigma}$ 的分布，在取定显著度 α（一般为 0.05 或 0.01）条件，由表 1-4-1 给出临界值 g_0（n，α）。

表 1-4-1　临界值

n	α		n	α	
	0.05	0.01		0.05	0.01
	$g_0(n, \alpha)$			$g_0(n, \alpha)$	
3	1.15	1.16	17	2.48	2.78
4	1.46	1.49	18	2.5	2.82
5	1.67	1.75	19	2.53	2.85
6	1.82	1.94	20	2.56	2.88
7	1.94	2.1	21	2.58	2.91
8	2.03	2.22	22	2.6	2.94
9	2.11	2.32	23	2.62	2.96
10	2.18	2.41	24	2.64	2.99
11	2.23	2.48	25	2.66	3.01
12	2.28	2.55	30	2.74	3.1
13	2.33	2.61	35	2.81	3.18
14	2.37	2.66	40	2.87	3.24
15	2.41	2.7	50	2.96	3.34
16	2.44	2.75	100	3.17	3.59

若认为 $x_{(1)}$ 可疑，则

$$g_{(1)} = \frac{\overline{x} - x_{(1)}}{\sigma}$$
（1-4-22）

当 $g_1 \geq g_0(n, \alpha)$ 时，可以认为该测量值包含粗大误差应，予以剔除。

若认为 $x_{(n)}$ 可疑，则

$$g_{(n)} = \frac{x_{(n)} - \overline{x}}{\sigma}$$
（1-4-23）

当 $g_n \geq g_0(n, \alpha)$ 时，可以认为该测量值包含粗大误差，应予以剔除。

3）罗曼诺夫斯基准则

当测量次数较少时，按 t 分布的实际误差分布范围来判别粗大误差较为合理。罗曼诺夫斯基准则又称 t 检验准则，其特点是首先剔除一个可疑的测得值，然后按 t 分布检验被剔除的值是否是含有粗大误差。

设对某物理量进行多次等精度测量，得 $x_1, x_2, \cdots, x_n$，若认为测量值 x_i 为可疑数据，将其剔除后计算平均值及标准差 σ 为（计算时不包括 x_i）

$$\overline{x} = \frac{1}{n-1} \sum_{\substack{i=1 \\ i \neq j}}^{n} x_i , \quad \sigma = \sqrt{\frac{\sum_{i=1}^{n} v_i^2}{n-2}}$$

根据测量次数 n 和选取的显著度 α，即可由表 1-4-2 查得 t 分布的检验系数 $K(n, \alpha)$。若

$$\left| x_j - \overline{x} \right| > K\alpha \qquad (1\text{-}4\text{-}24)$$

则认为测量值 x_i 含有粗大误差，剔除 x_i 是正确的，否则认为 x_i 不含有粗大误差，应予保留。

表 1-4-2　检验系数 K

n	α		n	α		n	α	
	0.05	0.01		0.05	0.01		0.05	0.01
4	4.79	11.46	13	2.29	3.23	22	2.14	2.91
5	3.56	6.53	14	2.26	3.17	23	2.13	2.9
6	3.04	5.04	15	2.24	3.12	24	2.12	2.88
7	2.78	4.36	16	2.22	3.08	25	2.11	2.86
8	2.62	3.96	17	2.2	3.04	26	2.1	2.85
9	2.51	3.71	18	2.18	3.01	27	2.1	2.84
10	2.43	3.54	19	2.17	3	28	2.09	2.83
11	2.37	3.41	20	2.16	2.95	29	2.09	2.82
12	2.33	3.31	21	2.15	2.93	30	2.08	2.81

1.4.4　误差的合成与分配

在测量中，间接测量的物理量是直接测量的物理量的函数，因此，间接测量的测量误差也应该是直接测量的测量误差的函数。

1. 随机误差的合成

随机误差的合成一般基于标准差方和根合成的方法，其中还要考虑到误差传播系数以及各个误差之间的相关性影响。随机误差的合成形式包括：标准差合成和极限误差合成。

1）合成标准差表达式

$$\sigma = \sqrt{\sum_{i=1}^{q} (a_i \sigma_i)^2 + 2 \sum_{1 \leqslant i < j}^{q} \rho_{ij} a_i a_j \sigma_i \sigma_j} \qquad (1\text{-}4\text{-}25)$$

若各个误差互不相关，则合成标准差为

$$\sigma = \sqrt{\sum_{i=1}^{q} (a_i \sigma_i)^2} \qquad (1\text{-}4\text{-}26)$$

用标准差合成有明显的优点，不仅简单方便，而且无论各单项随机误差的概率分布如何，只要给出各个标准差，均可计算出总的标准差。

2）合成极限误差表达式

若单项极限误差为：$\delta_i = k_i\sigma_i$，$i = 1$，2，$\cdots$，q，其中，σ_i 是单项随机误差的标准差，k_i 是单项极限误差的置信系数。则合成极限误差为

$$\delta = k\sigma \qquad (1\text{-}4\text{-}27)$$

或者

$$\delta = k\sqrt{\sum_{i=1}^{q}\left(\frac{a_i\delta_i}{k_i}\right)^2 + 2\sum_{1\leqslant i<j}^{q}\rho_{ij}a_ia_j\frac{\delta_i}{k_i}\frac{\delta_j}{k_j}} \qquad (1\text{-}4\text{-}28)$$

同时，如果各误差互不相关，则合成极限误差为

$$\delta = k\sqrt{\sum_{i=1}^{q}\left(\frac{a_i\delta_i}{k_i}\right)^2} \qquad (1\text{-}4\text{-}29)$$

3）相关系数的确定

式（1-4-25）中的 ρ_{ij} 称为相关系数，它反映了各随机误差分量相互间的线性关联对函数总误差的影响。当相关系数为 0 时，由式（1-4-25）可得

$$\sigma_y = \sqrt{a_1^2\sigma_{x_1}^2 + a_2^2\sigma_{x_2}^2 + \cdots + a_n^2\sigma_{x_n}^2} \qquad (1\text{-}4\text{-}30)$$

当相关系数为 ± 1 时，由式（1-4-25）可得

$$\sigma_y = \left|a_1\sigma_{x_1} + a_2\sigma_{x_2} + \cdots + a_n\sigma_{x_n}\right| \qquad (1\text{-}4\text{-}31)$$

相关系数 ρ_{ij} 的取值范围是 $-1 \leqslant \rho_{ij} \leqslant +1$，且有

$0<\rho_{ij}<+1$：正相关

$-1<\rho_{ij}<0$：负相关

$\rho_{ij} = +1$：完全正相关

$\rho_{ij} = -1$：完全负相关

$\rho_{ij} = 0$：完全相关

而相关系数的确定，在要求不高时，可由直接判断法、试样观察法作出简略的判断。

（1）直接判断法。

① 断定两分量之间没有相互依赖关系的影响。

② 当一个分量依次增大时，引起另一个分量呈正负交替变化，反之亦然。

③ 两分量属于完全不相干的两类体系分量，如人员操作引起的误差分量与环境湿度引起的误差分量。

④ 两分量虽相互有影响，但其影响甚微，视为可忽略不计的弱相关。

⑤ 可判断 $\rho = 1$ 或 $\rho = -1$ 的情形：

● 断定两分量间近似呈现正的线性关系或负的线性关系；

● 当一个分量依次增大时，引起另一个分量依次增大或减小，反之亦然；

● 两分量属于同一体系的分量，如用 1 m 基准尺测 2 m 尺，则各分量间完全正相关。

（2）试样观察法。试样观察法用多组测量的对应值作图，将其与标准图形对比而得到近似的相关系数值。标准图形如图 1-4-3 所示。

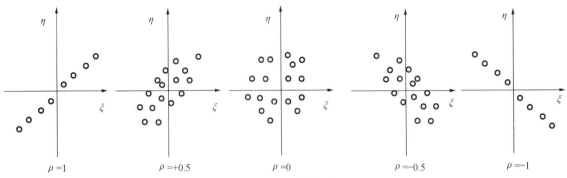

图 1-4-3　相关系数标准图形

4）应用极限误差合成公式时的注意事项

（1）ρ_{ij} 为第 i 个和第 j 个误差项之间的相关系数，可根据前述方法确定。

（2）根据已知的各单项极限误差和所选取的各个置信系数，即可进行极限误差的合成。

（3）各个置信系数不仅与置信概率有关，而且与随机误差的分布有关。

（4）对于相同分布的误差，选定相同的置信概率，其相应的各个置信系数相同。

（5）对于不同分布的误差，选定相同的置信概率，其相应的各个置信系数也不相同。

当各个单项随机误差均服从正态分布时，各单项误差的数目 q 较多、各项误差大小相近和独立时，此时合成的总误差接近于正态分布。此时

$$k_1 = k_2 = \cdots = k_q = k$$

合成极限误差

$$\delta = \sqrt{\sum_{i=1}^{q}(a_i \delta_i)^2 + 2\sum_{1 \le i < j}^{q} \rho_{ij} a_i a_j \delta_i \delta_j} \tag{1-4-32}$$

若相关系数为 0，传递系数为 1，则

$$\delta = \sqrt{\sum_{i=1}^{q} \delta_i^2} \tag{1-4-33}$$

各单项误差大多服从正态分布或近似服从正态分布，而且它们之间常是线性无关或近似线性无关，是较为广泛使用的极限误差合成公式。

2. 系统误差的合成

系统误差分为已定系统误差和未定系统误差两类。对于已定系统误差，是指误差大小和方向已经确切掌握的系统误差，用符号 Δ 表示。可以按照代数和的方法进行合成。

设 $y = f(x_1, x_2, \cdots, x_n)$，由 y 的全微分，系统误差 Δy 的计算公式

$$\Delta y = \frac{\partial f}{\partial x_1} \Delta x_1 + \frac{\partial f}{\partial x_2} \Delta x_2 + \cdots + \frac{\partial f}{\partial x_n} \Delta x_n \tag{1-4-34}$$

或者

$$\Delta = \sum_{i}^{n} a_i \Delta_i \tag{1-4-35}$$

式中，$a_i = \dfrac{\partial f}{\partial x_{i1}}$，$\Delta_i = \Delta x_i$。

对于未定系统误差，即误差大小和方向未能确切掌握，或者不须花费过多精力去掌握，而只能或者只需估计出其不致超过某一范围 $\pm e$ 的系统误差，具有如下几个特征：

（1）在测量条件不变时为一恒定值，多次重复测量时其值固定不变，因而单项系统误差在重复测量中不具有抵偿性。

（2）随机性。当测量条件改变时，未定系统误差的取值在某极限范围内具有随机性，且服从一定的概率分布，具有随机误差的特性。

根据第二个特征，若干项未定系统误差综合作用时，它们之间具有一定的抵偿作用。与随机误差的抵偿作用相似，在对未定系统误差进行合成时，完全可以采用随机误差的合成公式，这就给测量结果的处理带来很大方便。

3. 系统误差与随机误差的合成

在分别得到合成随机误差和合成系统误差之后，为了综合反映误差对测量结果的影响，需要将系统误差与随机误差进行合成。综合分析测量过程可知，在测量中应出现随机误差、已定系统误差和未定系统误差。其中已定系统误差是大小、符号固定的系统误差，并为已知的，一般将其作为修正值对测量结果进行修正。因此，系统误差与随机误差的合成实际上就是随机误差与未定系统误差的合成。

在实际应用中，这两种误差的合成有两种合成方式：按极限误差合成与按标准差合成。再考虑到实际测量方法，又分为单次测量和重复测量两种情况。

假设在测量过程中，有 s 个单项未定系统误差，q 个单项随机误差。它们的误差值或极限误差分别为

$$e_1, \; e_2, \cdots, \; e_r$$
$$\delta_1, \; \delta_2, \cdots, \; \delta_r$$

若各个误差的传递系数取 1，则测量结果总的极限误差为：

1）单次测量情况

（1）按标准差合成。

$$\sigma = \sqrt{\sum_{i=1}^{s} e_i^2 + \sum_{i=1}^{q} \sigma_i^2 + R} \tag{1-4-36}$$

式中，R 为相关系数。当各个误差均服从正态分布，且各个误差间互不相关时，测量结果总标准差为

$$\sigma = \sqrt{\sum_{i=1}^{s} e_i^2 + \sum_{i=1}^{q} \sigma_i^2} \tag{1-4-37}$$

（2）按极限误差合成。测量结果总的极限误差就是总的未定系统误差与总的随机误差的均方根值，即

$$\Delta_{\text{总}} = \pm \sqrt{\sum_{i=1}^{s} e_i^2 + \sum_{i=1}^{q} \delta_i^2} \tag{1-4-38}$$

2）重复测量情况

（1）按标准差合成。当每项误差都进行 n 次重复测量时，由于随机误差间具有抵偿性，系统误差（包括未定系统误差）不存在抵偿性，总误差合成公式中的随机误差项应除以重复测量次数 n。总标准误差为

$$\sigma = \sqrt{\sum_{i=1}^{s} e_i^2 + \frac{1}{n} \sum_{i=1}^{q} \sigma_i^2} \tag{1-4-39}$$

（2）按极限误差合成。当每项误差都进行 n 次重复测量时，由于随机误差间具有抵偿性，系统误差（包括未定系统误差）不存在抵偿性，总误差合成公式中的随机误差项应除以重复测量次数 n。总极限误差为

$$\Delta_{\text{总}} = \pm \sqrt{\sum_{i=1}^{s} e_i^2 + \frac{1}{n} \sum_{i=1}^{q} \delta_i^2} \tag{1-4-40}$$

1.5　实验不确定度及测量结果的表示

测量的最终目的是不但要获得待测量在测量条件下的近真值，而且还要对近真值的可靠性做出评定（即指出误差范围），这就要求我们必须掌握不确定度的有关概念。下面将结合测量结果的评定对不确定度的概念、分类、合成等问题进行讨论。

1993 年，国际标准化组织、国际电工委员会、国际计量局等 7 个国际组织联合发布了《测量不确定度表示指南》，我国也制定了符合《测量不确定度评定与表示指南》的国家技术规范（JJF1059—2012）。这些都是我们评定测量结果的不确定度的理论依据和计算规范。

1.5.1　不确定度的含义

在物理实验中，常常要对测量的结果做出综合的评定，故采用不确定度的概念。不确定度是"误差可能数值的测量程度"，表征所得测量结果代表待测量的程度。也就是因测量误差

的存在而对待测量不能肯定的程度，因而是测量质量的表征，用不确定度能够对测量数据做出比较合理的评定。

对一个物理实验的具体数据来说，不确定度是指测量值（近真值）附近的一个范围，测量值与真值之差（误差）可能落于其中。不确定度小，测量结果的可依赖程度高；不确定度大，测量结果的可依赖程度低。

在实验和测量工作中，不确定度一词近似于不确知、不明确、不可靠、有质疑，是作为估计而言的。因为误差是未知的，不可能用指出误差的方法去说明可依赖程度，而只能用误差的某种可能的数值去说明可依赖程度，所以不确定度更能表示测量结果的性质和测量的质量。用不确定度评定测量结果的误差，其中包含了各种来源不同的误差对测量结果的影响，而它们的计算又反映了这些误差所服从的分布规律，这就更准确地表述了测量结果的可靠程度，因而有必要采用不确定度的概念。

对测量不确定度的评定，常以估计标准偏差去表示大小，这时称其为标准不确定度。

1.5.2 不确定度的评定

由于测量有误差，因而才要评定不确定度。误差的来源不同，它对测量的影响也不同。从测量值来看其影响表现可分为两类：一类是偶然效应引起的，使测量值在近真值附近分散开来。例如，用手控停表测量单摆摆动的周期，由于手的控制存在偶然性，每次测量值不会相同。另一类则是测量系统引起的，测量值恒定地向某一方向偏移，重复测量时，此偏移的方向和大小不变。例如，用伏安法测量电阻，如果采用内接法，那每次实验中电阻的测量值都会大于真值，这是由于测量的原理所致。这两类影响都给被测量引入不确定度，都要评定其标准不确定度，但是评定的方法不同。

1. 标准不确定度的 A 类评定

由于偶然效应，被测量 X 的多次重复测量值 x_1，x_2，$\cdots$，x_n 将是分散的，从分散的测量值出发，用统计的方法评定标准不确定度，就是标准不确定度的 A 类评定。设 A 类标准不确定度为 $u_A(x)$，用统计方法求出平均值的标准偏差为 $s(\overline{x})$，A 类评定标准不确定度就取为平均值的标准偏差，即

$$u_A(x) = s(\overline{x}) = \sqrt{\frac{\sum_{i=1}^{n}(x_i - \overline{x})^2}{n(n-1)}}$$ （1-5-1）

2. 标准不确定度的 B 类评定

当误差的影响向某一方向有恒定的偏离，这时不能用统计的方法评定不确定度，这一类的评定就是 B 类评定。

B 类评定视具体情况而定，有的依据计量仪器说明书或检定书，有的依据仪器的准确度等级，有的则粗略地依据仪器分度值或经验。从这些信息中可以获得极限误差 $\Delta_{仪}$（或容许误差或示值误差），见表 1-5-1。此类误差一般可视为均匀分布，而 $\Delta_{仪}/k$ 为均匀分布的标准差，

则 B 类评定标准不确定度 $u_B(x)$ 为

$$u_B(x) = \frac{\Delta_{仪}}{k} \qquad (1\text{-}5\text{-}2)$$

表 1-5-1　极限误差 $\Delta_{仪}$

仪器名称	约定 $\Delta_{仪}$ 值
米尺（毫米刻度）	$\Delta_{仪} = 0.5$ mm
游标卡尺（20、50 分度）	$\Delta_{仪} = $ 最小分度值（0.05 mm、0.02 mm）
千分尺	$\Delta_{仪} = 0.005$ mm 或 0.004 mm
分光计	$\Delta_{仪} = $ 最小分度值（1′ 或 30″）
各类数字式仪表	$\Delta_{仪} = $ 仪器最小读数
电位差计	$\Delta_{仪} = K\% \cdot v$（K 是准确度或级别，v 为示值）
电表	$\Delta_{仪} = K\% \cdot M$（K 是准确度或级别，M 为示值）
电桥	$\Delta_{仪} = K\% \cdot R$（K 是准确度或级别，R 为示值）
物理天平（0.1 g）	$\Delta_{仪} = 0.05$ g
计时器（1 s、0.1 s、0.01 s）	$\Delta_{仪} = $ 仪器最小分度（1 s、0.1 s、0.01 s）

严格地讲，利用上式求 B 类标准不确定度的变换系数与实际分布有关，但我们都按均匀分布近似处理。

粗略计算时，可取 $u_B(x) = \Delta_{仪}$ 作为标准不确定度的 B 类评定。在实验时，如果查不到该类仪器的容许误差，可取 $\Delta_{仪}$ 等于分度值或某一估计值（1/5 ~ 1/2 倍最小分度值），但要注明。

3. 合成不确定度

对一个物理量测定之后，要计算测量值的不确定度。由于测量值不确定度的来源不止一个，所以要计算合成不确定度。合成不确定度 $u(x)$ 是由不确定度的两类评定（A 类和 B 类）求"方和根"计算而来。为使问题简化，本书只讨论简单情况下（即 A 类和 B 类分量保持各自独立变化，互不相关）的合成不确定度。

A 类不确定度（统计不确定度）用 $u_A(x)$ 表示，B 类不确定度（非统计不确定度）用 $u_B(x)$ 表示，合成不确定度为

$$u(x) = \sqrt{u_A^2(x) + u_B^2(x)} \qquad (1\text{-}5\text{-}3)$$

1.5.3　不确定度的计算

1. 直接测量的不确定度

在对直接测量的不确定度的合成问题中，对 A 类不确定度主要讨论在多次等精度测量条件下，读数分散对应的不确定度，并且取平均值的标准偏差作为不确定度的 A 类评定；对 B

类不确定度，主要讨论仪器不准确对应的不确定度，并将测量结果写成标准形式。因此，实验结果的获得，应包括待测量近似真实值的确定，A 类、B 类不确定度以及合成不确定度的计算。从实际测量来看，增加重复测量的次数对于减小平均值的标准偏差、提高测量的精密度很有利。但是当测量次数增大时，平均值的标准偏差的减小渐为缓慢，当次数大于 10 次时平均值的改变便不明显了，通常取测量次数为 5～10 次为宜。下面通过两个具体例子加以说明。

【例 1-5-1】 采用感量为 0.02 g 的物理天平称量某一物体的质量，其读数为 25.58 g，求物体质量的测量结果。

解： 因为是单次测量，所以单次测量的读数即为近似真实值：$m = 25.58$ g，且 $u_A(m) = 0$。物理天平的"示值误差"来源于两部分：

来源于物理天平的感量：$\Delta m_仪 = 0.02$ g，则 $u_{B1}(m) = 0.02$ (g)

来源于目测：$\Delta m_目 = 0.02$ (g)，则 $u_{B2}(m) = 0.02$ (g)

所以

$$u_B(m) = \sqrt{u_{B1}^2(m) + u_{B2}^2(m)} = \sqrt{0.02^2 + 0.02^2} = 0.03 \text{ (g)}$$

合成不确定度为

$$u(m) = \sqrt{u_A^2(m) + u_B^2(m)} = u_B(m) = 0.03 \text{ (g)}$$

测量结果为

$$m = 25.58 \pm 0.03 \text{ (g)}$$

【例 1-5-2】 用螺旋测微计测量小钢球的直径，5 次的测量值分别为：

d/mm   10.922，10.923，10.922，10.924，10.922

螺旋测微计的最小分度数为 0.01 mm，试求直径的不确定度，并写出测量结果的标准式。

解：（1）求直径的算术平均值

$$\bar{d} = \frac{1}{n}\sum_{i=1}^{5} d_i = \frac{1}{5}(10.922 + 10.923 + 10.922 + 10.924 + 10.922) = 10.922\,6 \text{ (mm)}$$

（2）计算 A 类不确定度

$$u_A(d) = \sqrt{\frac{\sum_{i=1}^{5}(d_i - \bar{d})^2}{5(5-1)}} = \sqrt{\frac{(10.922 - 10.9226)^2 + (10.923 - 10.9226)^2 + \cdots}{20}}$$
$$= 0.000\,4 \text{ (mm)}$$

（3）计算 B 类不确定度

$$u_B(d) = 0.005 \text{ mm}$$

（4）合成不确定度

$$u(d) = \sqrt{u_A^2(d) + u_B^2(d)} = \sqrt{0.000\,4^2 + 0.005^2} = 0.007 \text{ (mm)}$$

（5）测量结果的表示

$$d = \overline{d} \pm u(d) = 10.923 \pm 0.007 \, (\mathrm{mm})$$

2. 间接测量的不确定度

间接测量的近似真实值和合成不确定度是由直接测量结果通过一定的函数式计算出来的，既然直接测量有误差，那么间接测量也必然存在误差，这就是不确定度的传递。由直接测量值及其误差来计算间接测量值的误差之间的关系式称为误差的传递公式。

1）一元函数的情况

设一元函数为

$$N = F(x)$$

式中，N 是间接测量量，x 为直接测量量。若 $x = \overline{x} \pm u(x)$，即 x 的不确定度为 $u(x)$，它必然影响间接测量的结果，使 N 值也有相应的不确定度 $u(N)$。由于不确定度都是微小量（相对于测量值），相当于数学中的增量，因此间接测量量的不确定度传递的计算公式可借用数学中的微分公式。

根据数学上的微分公式

$$\mathrm{d}N = \mathrm{d}F(x) = \frac{\mathrm{d}F(x)}{\mathrm{d}x}\mathrm{d}x = F'(x)\mathrm{d}x$$

可得到间接测量量 N 的不确定度为

$$u(N) = \frac{\mathrm{d}F(x)}{\mathrm{d}x}u(x) = F'(x) \cdot u(x) \qquad （1\text{-}5\text{-}4）$$

式（1-5-4）中 $\frac{\mathrm{d}F(x)}{\mathrm{d}x}$ 是传递系数，反映了 $u(x)$ 对 $u(N)$ 的影响程度。例如，直径为 D 的球体体积的计算式为 $V = \frac{1}{6}\pi D^3$，若直接测量量直径为 $D = \overline{D} \pm u(D)$，则球体体积的不确定度为

$$u(V) = \frac{1}{2}\pi D^2 \cdot u(D)$$

2）多元函数的情况

设多元函数为

$$N = F(x, y, z, \cdots)$$

式中，x，y，z… 是相互独立的直接测量量，它们的测量结果分别为

$$x = \overline{x} \pm u(x)$$

$$y = \overline{y} \pm u(y)$$

$$z = \overline{z} \pm u(z)$$

$$\cdots$$

若将各直接测量量的近真值代入函数式中，即可计算间接测量量的近真值

$$\overline{N} = F(\overline{x}, \overline{y}, \overline{z}, \cdots)$$

那么，直接测量量 $x, y, z, \cdots$ 的不确定度 $u(x), u(y), u(z) \cdots$ 是如何影响间接测量量 N 的不确定度 $u(N)$ 的呢?

仿照多元函数求全微分的方法，只考虑 x 的不确定度 $u(x)$ 对 $u(N)$ 的影响时，有

$$u(N)_x = \frac{\partial F(x, y, z \cdots)}{\partial x} u(x) = \frac{\partial F}{\partial x} u(x)$$

只考虑 y 的不确定度 $u(y)$ 对 $u(N)$ 的影响时，有

$$u(N)_y = \frac{\partial F(x, y, z \cdots)}{\partial y} u(y) = \frac{\partial F}{\partial y} u(y)$$

同理可得

$$u(N)_z = \frac{\partial F(x, y, z \cdots)}{\partial z} u(z) = \frac{\partial F}{\partial z} u(z)$$

$$\cdots$$

但它们合成时，不能像求全微分那样进行简单地相加。因为不确定度不是简单地等同于数学上的"增量"。在合成时要考虑到不确定度的统计性质，所以采用方和根合成，于是得到间接测量结果合成不确定度的传递公式为

$$u(N) = \sqrt{\left(\frac{\partial F}{\partial x}\right)^2 u^2(x) + \left(\frac{\partial F}{\partial y}\right)^2 u^2(y) + \left(\frac{\partial F}{\partial z}\right)^2 u^2(z) + \cdots} \tag{1-5-5}$$

特殊地，如果间接测量值和直接测量值之间的函数关系是幂函数关系

$$N = A x_1^a \cdot x_2^b \cdots x_m^k$$

则有

$$u(N) = N\sqrt{\left(a \frac{u(x_1)}{x_1}\right)^2 + \left(b \frac{u(x_2)}{x_2}\right)^2 + \cdots \left(k \frac{u(x_m)}{x_m}\right)^2} \tag{1-5-6}$$

当间接测量量的函数表达式为积和商（或含和差的积商形式）的形式时，为了运算简便，可以先将函数式两边同时取自然对数，然后求全微分。对函数 $N = F(x, y, z, \cdots)$，则有

$$\frac{\mathrm{d}N}{N} = \frac{\partial \ln F}{\partial x} \mathrm{d}x + \frac{\partial \ln F}{\partial y} \mathrm{d}y + \frac{\partial \ln F}{\partial z} \mathrm{d}z + \cdots$$

再把微分符号改写为不确定度符号，并求其"方和根"，得

$$\frac{u(N)}{N} = \sqrt{\left(\frac{\partial \ln F}{\partial x}\right)^2 u^2(x) + \left(\frac{\partial \ln F}{\partial y}\right)^2 u^2(y) + \left(\frac{\partial \ln F}{\partial z}\right)^2 u^2(z) + \cdots} \tag{1-5-7}$$

即可根据式（1-5-7）计算间接测量量的相对不确定度。这种处理方法，对函数表达式很复杂的情况，尤其显示它的优越性。

【例 1-5-3】 一个铅质圆柱体，用分度值为 0.02 mm 的游标卡尺分别测量其直径 d 和高度 h 各 6 次，数据如下：

$$d/\text{mm} \quad 20.34，20.46，20.40，20.30，20.42，20.40$$

$$h/\text{mm} \quad 41.22，41.28，41.16，41.26，41.12，41.20$$

求该圆柱体的体积及其不确定度。

解：（1）计算圆柱体的体积

直径 d 的算术平均值

$$\bar{d} = \frac{1}{6}\sum_{i=1}^{6} d_i = 20.39 \text{ (mm)}$$

高度 h 的算术平均值

$$\bar{h} = \frac{1}{6}\sum_{i=1}^{6} h_i = 41.21 \text{ (mm)}$$

圆柱体的体积为

$$\bar{V} = \frac{1}{4}\pi \bar{d}^2 \bar{h} = \frac{1}{4}\times 3.14 \times 20.39^2 \times 41.21 = 1.345\times 10^4 \text{ (mm}^3)$$

（2）计算不确定度

对直径 d：

A 类评定 $\qquad u_{\text{A}}(d) = \sqrt{\dfrac{\sum\limits_{i=1}^{6}(d_i - \bar{d})^2}{6(6-1)}} = \sqrt{\dfrac{0.0166}{30}} = 0.024 \text{ (mm)}$

B 类评定 $\qquad u_{\text{B}}(d) = 0.02 \text{ (mm)}$

d 的合成不确定度： $\qquad u(d) = \sqrt{u_{\text{A}}^2(d) + u_{\text{B}}^2(d)} = \sqrt{0.024^2 + 0.02^2} = 0.031 \text{ (mm)}$

对高度 h：

A 类评定 $\qquad u_{\text{A}}(h) = \sqrt{\dfrac{\sum\limits_{i=1}^{6}(h_i - \bar{h})^2}{6(6-1)}} = \sqrt{\dfrac{0.0182}{30}} = 0.025 \text{ (mm)}$

B 类评定 $\qquad u_{\text{B}}(h) = 0.02 \text{ (mm)}$

h 的合成不确定度： $\qquad u(h) = \sqrt{u_{\text{A}}^2(h) + u_{\text{B}}^2(h)} = \sqrt{0.025^2 + 0.02^2} = 0.032 \text{ (mm)}$

对圆柱体的体积 V：

$$u(V) = \bar{V}\sqrt{\left[2\frac{u(d)}{\bar{d}}\right]^2 + \left[\frac{u(h)}{\bar{h}}\right]^2} = 1.345\times 10^4 \sqrt{\left[2\frac{0.031}{20.39}\right]^2 + \left[\frac{0.032}{41.21}\right]^2}$$

$$= 0.005\times 10^4 \text{ (mm}^3)$$

（3）圆柱体体积 V 的测量结果表示为

$$V = (1.345 \pm 0.005) \times 10^4 \ (\text{mm}^3)$$

相对不确定度

$$\varepsilon = \frac{u(V)}{\bar{V}} = \frac{0.005 \times 10^4}{1.345 \times 10^4} = 0.37\%$$

1.5.4　测量结果的表示

对于一个测量结果，不论它是直接测量得到的还是间接测量得到的，只有同时给出它的最佳估计值和不确定度时，这个结果才算是完整的和有价值的。因此，对测量结果的正确表示应包括测量结果、不确定度数值和单位。

若物理量 X 的测量最佳值为 $\bar{x}$，合成不确定度为 $u(x)$，则其测量结果可表示为

$$X = \bar{x} \pm u(x) \ （单位） \tag{1-5-8}$$

测量后，一定要计算不确定度，如果实验时间较短，且不便于较全面地计算不确定度时，对于随机误差为主的测量，可以只计算 A 类标准不确定度作为总的不确定度，略去 B 类不确定度不计；对于系统误差为主的测量，可以只计算 B 类标准不确定度作为总的不确定度。

在上述的测量结果表示中，近似真实值、合成不确定度、单位 3 个要素缺一不可（称为测量三要素），否则就不能全面表达测量结果。同时，近似真实值 $\bar{x}$ 的末位数应该与不确定度的所在位数对齐，近似真实值 $\bar{x}$ 与不确定度 $u(x)$ 的数量级、单位要相同（不确定度一般只保留一位有效数字，特殊情况下可保留两位有效数字）。在实验中，测量结果的正确表示是一个难点，要引起重视，从开始就要注意纠正，才能逐步克服难点，正确书写测量结果的标准形式，培养良好的实验习惯。

1.6　实验数据处理方法

在做完实验后，我们需要对实验中测量的数据进行整理、计算和分析，进行去粗取精、去伪存真的工作，从中得到最终的结论和找出实验规律，这一过程称为数据处理。实验数据处理是实验工作中一个不可缺少的部分，包括记录、整理、计算、分析、拟合等多种处理方法，本书主要介绍列表法、作图法、逐差法、最小二乘法。

1.6.1　列表法

列表法就是将实验中测量的数据、计算过程的数据和最终结果等以一定的形式和顺序列成表格。列表法的优点是结构紧凑、条目清晰，可以简明地表示出有关物理量之间的对应关系，便于分析比较，随时检查错误，易于寻找物理量之间的相互关系和变化规律。同时，数

据列表也是图解法、解析法的数值基础。

设计记录表格的要求：

（1）简单明了，利于记录、运算处理数据和检查处理结果，便于一目了然地看出有关物理量之间的关系。

（2）必须注明表中各符号所代表的物理意义和单位，且要求单位写在符号标题栏，不要重复记在各个数值上。

（3）列表的形式不限，根据具体情况，决定列出哪些项目。有些个别与其他项目联系不大的物理量，可以不列入表内。列入表中的除原始数据外，计算过程中的一些中间结果和最后结果也可以列入表中。

（4）表中记录的数据必须忠实于原始测量结果，符合有关的标准和规则。应正确地反映所用仪器的精度，即正确反映测量结果的有效位数，尤其不允许忘记末位为"0"的有效数字。

（5）在表的上方应有必要的附加说明，如测量仪器的规格、测量条件、表格的名称等。

1.6.2　作图法

用作图法处理实验数据是数据处理的常用方法之一，它能直观地显示物理量之间的对应关系，揭示物理量之间的联系。在现有的坐标纸上用图形描述各物理量之间的关系，将实验数据用几何图形表示出来，这就叫作作图法。作图法的优点是直观、形象，便于比较研究实验结果，求出某些物理量，建立关系式等。为了能够清楚地反映出物理现象的变化规律，并能比较准确地确定有关物理量的量值或求出有关常数，在作图时要注意以下几点：

（1）作图一定要用坐标纸。当决定了作图的参量以后，根据函数关系选用直角坐标纸、单对数坐标纸、双对数坐标纸、极坐标纸等，本书主要采用直角坐标纸。

（2）坐标纸的大小及坐标轴的比例。应当根据所测得的有效数字和结果的需要来确定；所选择的坐标比例要适当，应使所绘制的图形充分占有图纸的空间，不要缩在一边或一角；坐标轴比例的选取一般间隔为 1，2，5，10 等，这便于读数或计算。除特殊需要外，数值的起点一般不必从零开始，x 轴和 y 轴的比例可以采用不同的比例，使作出的图形大体上能充满整个坐标纸，图形布局美观、合理。

（3）标明坐标轴。对直角坐标系，一般是自变量为横轴，因变量为纵轴，采用粗实线描出坐标轴，并用箭头表示出方向，注明所示物理量的名称、单位。

（4）描点。根据测量数据，用直尺和铅笔使其函数对应的实验点准确地落在相应的位置，一张图纸上画上几条实验曲线时，每条图线应用不同的标记，如"△""○""+""●""■"等符号标出，以免混淆，如图 1-6-1 所示。

（5）连线。依据数据点体现的函数关系的总规律和测量要求，确定用何种曲线。若校准电表，采用折线连接每个测量点，而在大多数情况下，物理量在某一范围内连续变化，故采用光滑的直线或曲线。该曲线应尽可能通过或接近大多数测量数据点，并使数据点尽可能均匀对称地分布在曲线的两侧。对个别偏离很大的点应当应用"异常数据的剔除"中介绍的方法进行分析后决定是否舍去，但原始数据点应当保留在图中。

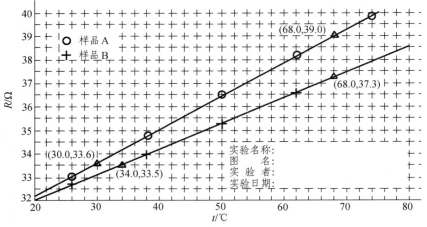

图 1-6-1 实验曲线绘制示例

（6）标写图名。作图完成后，在图的下方写上完整的图名，一般将纵坐标所代表的物理量写在前面，横坐标所代表的物理量写在后面。必要时，还应在图的下方或其他空白处注明实验条件或其他相关内容，做出简要的说明。

（7）最后将图纸贴在实验报告的适当位置，便于教师批阅。

1.6.3 图解法

利用作图法得到物理量之间的关系图线，再采用解析方法得到与图线所对应的函数关系——经验公式的方法称为图解法。实验中经常遇到的图线是直线、抛物线、双曲线、指数曲线、对数曲线等。特别是当图线是直线时，采用此方法更为方便。

1. 用实验图线建立经验公式和一般步骤

（1）根据解析几何的知识判断图线的类型。

（2）由图线的类型判断公式的可能特点。

（3）利用半对数、对数或倒数坐标，把原曲线改为直线。

（4）确定常数，建立经验公式的形式，并用实验数据来检验所得公式的准确程度。

2. 直线方程

如果作出的实验图线是一条直线，则经验公式应为直线方程

$$y = kx + b \tag{1-6-1}$$

要建立此方程，必须由实验数据直接求出 k 和 b。一般有两种方法：

（1）斜率截距法。在画好的直线上任取两点 $P_1(x_1, y_1)$ 和 $P_2(x_2, y_2)$，但不要相距太近，以减小误差，其 x 坐标最好是整数值。一般不要取原实验点，用特定的符号表示所取的点，与实验点相区别。由解析几何知，直线的斜率为

$$k = \frac{y_2 - y_1}{x_2 - x_1} \qquad\qquad （1\text{-}6\text{-}2）$$

其截距 b 为 $x = 0$ 时 y 的值。若原实验中所绘制的直线并未给出 $x = 0$ 段直线，可将直线用虚线延长交 y 轴，则可测量出截距。如果起点不为零，也可将直线上选出的点，如 $P_2(x_2, y_2)$，和上面求出的斜率 k 代入直线方程而求得，即

$$b = y_2 - \left(\frac{y_2 - y_1}{x_2 - x_1} \right) x_2 \qquad\qquad （1\text{-}6\text{-}3）$$

根据式（1-6-2）和（1-6-3）求出斜率 k 和截距 b 的数值，代入直线方程（1-6-1）就可以得到经验公式。

（2）端值求解法。在实验图线的直线两端取两点（但不能取原始数据点），分别得出它的坐标 $M_1(x_1, y_1)$ 和 $M_2(x_2, y_2)$，将坐标值代入直线方程 $y = kx + b$ 得

$$\begin{cases} y_1 = kx_1 + b \\ y_2 = kx_2 + b \end{cases} \qquad\qquad （1\text{-}6\text{-}4）$$

联立两个方程即可求得斜率 k 和截距 b 的数值。

经验公式得出之后还要进行校验。校验的方法是：对于一个测量值 x_i，由经验公式可求出一个 y_i 值，由实验测出一个 y_i' 值，其偏差为 $\Delta y = y_i' - y_i$，若各个偏差之和 $\sum (y_i' - y_i)$ 趋于零，则经验公式就是正确的。此外，也可以用经验公式在同一坐标中作图，比较两者的差别，然后进行修正。

在实验中，有的实验并不需要建立经验公式，而仅需要求出斜率 k 和截距 b 的数值即可。

3. 非直线方程

要想直接建立非直线方程的经验公式，往往是困难的。但是，直线是我们可以最精确绘制出的图线，这样就可以用变量替换法把非直线方程改为直线方程，再利用建立直线方程的办法来求解，求出未知常量，最后将确定了的未知常量代入原函数关系式中，即可得到非直线函数的经验公式。常见的函数关系变换见表 1-6-1。

表 1-6-1　常见的非线性函数变换为线性关系表

原函数关系		变换后的函数关系		
方程式	求未知常数	方程式	斜率	截距
$y = ax^b$	a，b	$\log y = b \log x + \log a$	b	$\log a$
$xy = a$	a	$y = a \cdot \dfrac{1}{x}$	a	0
$y = a\mathrm{e}^{-bx}$	a，b	$\ln y = -bx + \ln a$	$-b$	$\ln a$
$y = ab^x$	a，b	$\log y = (\log b)x + \log a$	$\log b$	$\log a$

【例 1-6-1】 伏安法测电阻的实验数据如表 1-6-2 所示，请用图解法求电阻。

表 1-6-2 伏安法测电阻的实验数据表

U/V	0.74	1.52	2.33	3.08	3.66	4.49	5.24	5.98	6.76	7.50
I/mA	2.00	4.01	6.22	8.20	9.75	12.00	13.99	15.92	18.00	20.01

解：图解法的具体步骤如下：

（1）根据具体情况选择合适的坐标分度值，确定坐标纸的大小。

（2）标实验点。实验点可用"■""+""●"等符号标出（同一坐标系下不同曲线用不同的符号）。

（3）连成图线。用直尺、曲线板等把点连成直线、光滑曲线等。一般不强求直线或曲线通过每个实验点，但应使图线两边的实验点与图线最为接近且分布大体均匀。

（4）标出图线特征。在图上空白位置标明实验条件或从图上得出的某些参数，本题中利用所绘直线可以求出被测电阻的大小（在图上读取两点 A、B 的坐标就可以求出电阻 R 的值）。

（5）标出图名。在图线下方或空白位置写出图线的名称及某些必要的说明，如图 1-6-2 所示。

（6）由图可知该直线的斜率的倒数就是电阻值。

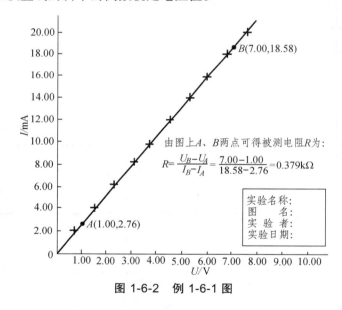

由图上 A、B 两点可得被测电阻 R 为：

$$R = \frac{U_B - U_A}{I_B - I_A} = \frac{7.00 - 1.00}{18.58 - 2.76} = 0.379 \text{k}\Omega$$

实验名称：
图 名：
实验 者：
实验日期：

图 1-6-2 例 1-6-1 图

1.6.4 逐差法

当自变量等间隔变化（这在实验中可以人为控制），而两物理量之间又呈线性关系时，我们除了采用图解法、最小二乘法以外，还可以采用逐差法。

比如杨氏弹性模量测量中，在金属丝弹性限度内，每次加载质量相等的砝码，测得光杠杆标尺读数为 x_i；然后再逐次减砝码，对应的测量标尺读数为 x_i'，取 x_i 和 x_i' 的平均值 $\bar{x}_i$。若求每加（减）一个砝码引起读数变化的平均值 $\bar{b}$，则有

$$\overline{b} = \frac{1}{n}\left[(\overline{x}_2 - \overline{x}_1) + (\overline{x}_3 - \overline{x}_2) + \cdots + (\overline{x}_n - \overline{x}_{n-1})\right] = \frac{1}{n}(\overline{x}_n - \overline{x}_1) \qquad (1\text{-}6\text{-}5)$$

从式（1-6-5）看到，只有首末两次读数对结果有贡献，失去了多次测量的好处。这两次读数误差对测量结果的准确度有很大影响。

为了避免这种情况，平等地运用各次测量值，可把测量数据按顺序分成相等个数的两组（x_1，x_2，$\cdots$，x_p）和（x_{p+1}，x_{p+2}，$\cdots$，x_{2p}），取两组对应项之差 $\overline{b}_j = \overline{x}_{p+j} - \overline{x}_j$（$j = 1, 2, \cdots, p$），再求平均值，即

$$\overline{b} = \frac{1}{p}\sum_{j=1}^{p}\overline{b}_j = \frac{1}{p}\left[(\overline{x}_{p+1} - \overline{x}_1) + (\overline{x}_{p+2} - \overline{x}_2) + \cdots + (\overline{x}_{2p} - \overline{x}_p)\right] \qquad (1\text{-}6\text{-}6)$$

相应地，它们对应砝码的质量为 $m_{p+j} - m_j$（$j = 1, 2, \cdots, p$）。这样处理保持了多次测量的优越性。

注意：逐差法要求自变量等间隔变化且函数关系为线性。

【例 1-6-2】 在拉伸法测量杨氏弹性模量的实验中，数据记录和处理如表 1-6-3，请用逐差法计算金属丝的伸长量 N。（实验中取 $m = 0.50\,\text{kg}$，$\Delta N_{仪} = 0.5\,\text{mm}$）

表 1-6-3 拉伸法测量杨氏弹性模量的数据表

测量次数	1	2	3	4	5	6	7	8
砝码质量/kg	0.00	0.50	1.00	1.50	2.00	2.50	3.00	3.50
增重时读数 x_i/mm	90.0	101.5	112.5	124.5	135.3	147.6	158.4	170.0
减重时读数 x_i'/mm	88.4	100.0	111.0	122.8	134.0	146.0	158.0	170.0
$\overline{x}_i = \dfrac{x_i + x_i'}{2}$/mm	89.2	100.8	111.8	123.4	134.6	146.8	158.2	170.0
每增重 4 kg 时的读数差 $\Delta x_i = \overline{x}_{i+4} - \overline{x}_i(\text{mm}) = N_i$					45.4	46.0	46.4	46.6
$\overline{N} = \dfrac{1}{4}\sum\limits_{i=1}^{4} N_i(\text{mm})$					46.1			

解： 不确定度的计算：

A 类评定： $\quad u_{\text{A}}(N) = \sqrt{\dfrac{\sum \Delta N^2}{4\times(4-1)}} = \sqrt{\dfrac{0.7^2 + 0.1^2 + 0.3^2 + 0.5^2}{4\times3}} = 0.26\,(\text{mm})$

B 类评定： $\quad$ 因为 $\Delta N_{仪} = 0.5(\text{mm})$，所以 $u_{\text{B}}(N) = 0.5\,(\text{mm})$

合成不确定度： $u(N) = \sqrt{u_{\text{A}}^2(N) + u_{\text{B}}^2(N)} = \sqrt{0.26^2 + 0.5^2} = 0.6(\text{mm})$

所以，金属丝的伸长量为： $N = 46.1 \pm 0.6(\text{mm})$（注意此时所加外力为 4 个砝码的重力）

1.6.5　最小二乘法

作图法虽然在数据处理中是一个很便利的方法，但在图线的绘制上往往带有较大的任意性，所得的结果也常常因人而异，而且很难对它作进一步的误差分析。为了克服这个缺点，

在数据统计中研究了直线的拟合问题，常用一种以最小二乘法为基础的实验数据处理方法。下面就数据处理中的最小二乘法原理做一些简单介绍。

1. 方程的回归

从实验数据出发计算求出经验方程，称为方程的回归问题。可见，方程回归的第一步就是要确定函数的形式。一般可以根据理论的推断或从实验数据的变化趋势来判断。

例如，根据实验数据推断出测量数据 X 与 Y 为线性的函数关系，则可将其函数关系写成下列形式

$$Y = a + bX \quad （a，b 为待定系数）\tag{1-6-7}$$

若推断出测量数据的函数形式为指数函数关系，则可写成

$$Y = a\mathrm{e}^{bX} + c \quad （a，b，c 为待定系数）\tag{1-6-8}$$

若测量数据的函数关系不明确，则常用多项式来拟合，即

$$Y = a_0 + a_1 X + a_2 X^2 + \cdots + a_n X^n\tag{1-6-9}$$

式中，a_0，a_1，a_2，$\cdots$，a_n 均为待定系数。

方程回归的第二步就是要用测定的实验数据来确定上述方程中的待定常数。第三步就是在待定常数确定之后，还必须验证所得的结果是否合理，否则，需用其他的函数关系重新试探，直到合理为止。

2. 一元线性回归（又称直线拟合）

一元线性回归是方程回归中最为简单和基本的问题。在一元线性回归中确定 a 和 b，相当于在作图法中求直线的截距和斜率。假设测量数据符合直线方程

$$Y = a + bX$$

则所测各 y_i 的值与拟合直线上相应的点 $a + bx_i$ 之间偏离的平方和为最小，故称为最小二乘法。

设二者偏离的平方和为 S，则有

$$S = \sum_{i=1}^{n} \varepsilon_i^2 = \sum_{i=1}^{n} [y_i - (a + bx_i)]^2\tag{1-6-10}$$

为使 S 为最小，式（1-6-10）中 S 对 a，b 的偏导数应等于零，即

$$\begin{cases} \dfrac{\partial S}{\partial a} = -2\sum_{i=1}^{n}(y_i - a - bx_i) = 0 \\ \dfrac{\partial S}{\partial b} = -2\sum_{i=1}^{n}(y_i - a - bx_i)x_i = 0 \end{cases}$$

即

$$\begin{cases} \sum_{i=1}^{n} y_i - na - b\sum_{i=1}^{n} x_i = 0 \\ \sum_{i=1}^{n} x_i y_i - a\sum_{i=1}^{n} x_i - b\sum_{i=1}^{n} x_i^2 = 0 \end{cases} \qquad (1\text{-}6\text{-}11)$$

式（1-6-11）中令 $\bar{x}$ 表示 x 的平均值，即 $n\bar{x} = \sum_{i=1}^{n} x_i$，$\bar{y}$ 表示 y 的平均值，即 $n\bar{y} = \sum_{i=1}^{n} y_i$，$\overline{x^2}$ 表示 x^2 的平均值，即 $n\overline{x^2} = \sum_{i=1}^{n} x_i^2$，$\overline{xy}$ 表示 xy 的平均值，即 $n\overline{xy} = \sum_{i=1}^{n} x_i y_i$，可得

$$\begin{cases} \bar{y} - a - b\bar{x} = 0 \\ \overline{xy} - a\bar{x} - b\overline{x^2} = 0 \end{cases} \qquad (1\text{-}6\text{-}12)$$

解方程组（1-6-12）得

$$\begin{cases} a = \bar{y} - b\bar{x} \\ b = \dfrac{\bar{x} \cdot \bar{y} - \overline{xy}}{\bar{x}^2 - \overline{x^2}} \end{cases} \qquad (1\text{-}6\text{-}13)$$

式（1-6-13）中 a、b 分别为直线的截距和斜率，最后就可由求出的 a、b 得出两个物理量之间的函数关系。

为了判断拟合的结果是否合理，在求出待定系数后，还需要计算一下相关系数 r。对于一元线性回归来说，相关系数 r 的定义为

$$r = \frac{\overline{xy} - \bar{x} \cdot \bar{y}}{\sqrt{(\overline{x^2} - \bar{x}^2)(\overline{y^2} - \bar{y}^2)}} \qquad (1\text{-}6\text{-}14)$$

相关系数 r 的值在 $0 \sim 1$ 之间，它反映了各数据点靠近拟合直线的程度。r 值越接近于 1，说明实验数据点 x 和 y 的线性关系越好，即各数据点就越接近拟合直线，表明用线性函数回归是合适的。

可以证明，斜率 b 的标准偏差为

$$s_b = \sqrt{\left(\frac{1-r^2}{n-2}\right) \cdot \frac{b}{r}} \qquad (1\text{-}6\text{-}15)$$

截距 a 的标准偏差为

$$s_a = s_b \cdot \sqrt{\overline{x^2}} \qquad (1\text{-}6\text{-}16)$$

对于指数函数、对数函数、幂函数的最小二乘法拟合，可以通过变量代换，变换成线性关系，再进行拟合。也可以用计算器进行相关的回归计算，直接求解实验方程。现在市场上有很多函数计算器具有多种函数的回归功能，操作方便，对于更复杂一些的函数，可以自编程序或采用计算机作图软件进行拟合。

1.7　实验的基本方法及实验设计的原则

1.7.1　实验的基本方法

任何物理实验都离不开物理量的测量。物理测量泛指以物理理论为依据，以实验装置和实验技术为手段进行测量的过程。在物理实验过程中，把具有共性的测量方法叫作物理实验中的测量方法。掌握与物理实验有关的测量方法，对培养学生科学的实验素养、工程技术意识与科研能力都有着重要的意义。

不同的实验有着不同的测量方法，对于同一物理量，通常有多种测量方法。在物理实验中测量的方法及其分类方法名目繁多，如按测量内容来分，可分为电量测量和非电量测量；按测量数据获得的方式来分，可分为直接测量、间接测量和组合测量；按测量进行的方式来分，可分为直读法、比较法、替代法和差值法；按被测量与时间的关系来分，可分为静态测量和动态测量等。本书只对物理实验中最常见的几种测量方法做概括性的介绍。

1. 比较法

比较法是将相同类型的被测量与标准量进行比较而得到测量值的方法，它是物理测量中最基本和最重要的测量方法之一。比较法可分为直接比较法和间接比较法两种。

1）直接比较法

直接比较法是将被测量与已知的同类物理量或标准量直接进行比较，直接读数得到测量数据。这种比较通常要借助仪器或者标准量具。例如，用米尺直接测量某一物体的长度时，米尺的最小分度毫米，就是作为比较用的标准单位。同样，用秒表测量时间，用电流表测量电流强度等，仪表刻度预先用标准量仪进行分度和校准，在测量过程中，指示标记的位移在标尺上相应的刻度值就表示出被测量的大小。由于这种测量过程简单方便，在物理测量中的应用较为广泛。

直接比较法的测量不确定度受测量仪器或量具自身测量不确定度的制约，因此要提高测量准确度的主要途径是减小仪器的测量误差。

2）间接比较法

多数物理量难于制成标准量具，无法通过直接比较法来测量。当一些物理量难以用直接比较测量法去测量时，可以利用物理量之间的函数关系，将被测量与同类标准量进行间接比较测出其值。这种借助于一些中间量，或将被测量进行某种变换，来间接实现比较测量的方法称为间接比较法。

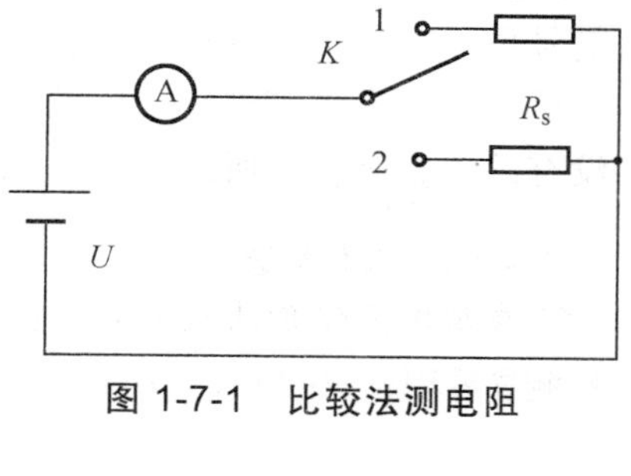

在实际测量中，比如用李萨如图形测量交流信号的频率，就是先将被测信号和标准信号同时输入示波器转换为特殊的图形，再由标准信号的频率换算出被测信号的频率。如图 1-7-1 给出了一个利用间接比较测量电阻的示意图，将一个可调节的标准电阻与待测电阻相连接，保持稳压电源的输出电压 U 不变，调节标准电阻 R_s 的阻值，使开关 K

图 1-7-1　比较法测电阻

在 "1" 和 "2" 两个位置时, 电流表的指示值不变, 则有 $R_x = R_s = U/I$。

2. 放大法

在物理实验测量中常常遇到一些微小物理量, 用给定的某种仪器进行测量往往会带来很大的误差, 其至无法直接测量。为了提高测量的精度, 常需要采用合适的放大方法, 选用相应的测量装置将被测量放大后再进行测量。放大被测量所用的原理和方法就称为放大法。常用的放大法有累积放大法、机械放大法、电学放大法和光学放大法等。

1）累积放大法

在被测物理量能够简单重叠的前提下, 将它展延若干倍再进行测量的方法, 称为累积放大法（也称叠加放大法）。如测量纸张的厚度、等厚干涉相邻明条纹的间隔等, 常用这种方法进行测量; 又如, 用秒表测量单摆的周期时, 假设单摆的周期为 $T = 2.0\,\text{s}$, 而人操作秒表的平均反应时间为 $\Delta T = 0.2\,\text{s}$, 则单次测量周期的相对误差为 $\Delta T/T = 0.2/2.0 = 10\%$。但是, 如果将测量单摆的周期改为测量 50 次的时间, 那么因人的反应时间而引入的相对误差会降低到 $\Delta T/50T = 0.2\%$。

累积放大法的优点是在不改变测量性质的情况下, 将被测量扩展若干倍后再进行测量, 从而增加测量结果的有效位数, 减小测量的相对误差。在使用累积放大法时应注意两点: 一是在扩展过程中被测量不能发生变化; 二是在扩展过程中要避免引入新的误差因素。

2）机械放大法

利用机械部件之间的几何关系, 使标准单位量在测量过程中得到放大的方法称为机械放大法。游标卡尺与螺旋测微计都是利用机械放大法进行精密测量的典型例子。以螺旋测微计为例, 套在螺杆上的微分筒被分成 50 格, 微分筒每转动一圈, 螺杆移动 0.5 mm。每转动一格, 螺杆移动 0.01 mm。如果微分筒的周长为 50 mm, 微分筒上每一格的弧长相当于 1 mm, 这相当于螺杆移动 0.01 mm 时, 在微分筒上却变化了 1 mm, 即放大了 100 倍。

机械放大法的另一个典型例子是机械天平。用等臂天平称量物体质量时, 如果靠眼睛判断天平的横梁是否水平, 很难发现天平横梁的微小倾斜。通过一个固定于横梁且与横梁垂直的长指针, 就可以将横梁微小的倾斜放大为较大的距离（或弧长）量。

3）电学放大法

电信号的放大是物理实验中最常用的技术之一, 包括电压放大、电流放大、功率放大等。例如在测量微电流时, 可使用由三极管构成的电流放大电路先进行放大, 然后再测量。

由于电信号放大技术成熟且易于实现, 所以也常将其他非电量转换为电量放大后再进行测量。例如, 利用光电效应法测量普朗克常数的实验中, 是将十分微弱的光信号先转换为电信号再放大后进行测量。再比如, 接收超声波的压电换能器是将声波的压力信号先转换为电信号, 再放大进行测量。但是, 对电信号的放大通常会伴随着对噪声的等效放大, 对信噪比没有改善其至会有所降低。因此电信号放大技术通常是与提高信号信噪比技术结合使用。

4）光学放大法

常见的光学放大仪器有放大镜、显微镜和望远镜等。一般的光学放大法有两种, 一种是被测物通过光学仪器形成放大的像, 以增加视角, 便于观察。例如, 常用的测微目镜、读数

显微镜等。另一种是通过仪器测量放大后的物理量。光杠杆就是一种典型的例子，对于微小的长度变化量 δ，通过光杠杆转换为对一个放大了的量 $|a_2 - a_1|$ 进行测量，再利用公式 $\delta = \dfrac{|a_2 - a_1| d_1}{2 d_2}$ 进行计算，如果 d_2 / d_1 越大，则对微小的长度变化量 δ 的放大倍数就越大，其中 $2 d_2 / d_1$ 为光杠杆的放大倍数，通常为 25~100 倍。

3. 平衡法

平衡法是利用物理学中平衡态的概念，将处于比较的物理量之间的差异逐步减小到零的状态，判断测量系统是否达到平衡态来实现测量。在平衡法中，并不研究被测物理量本身，而是与一个已知物理量或相对参考量进行比较，当两物理量差值为零时，用已知量或相对参考量描述待测物理量。利用平衡法，可将许多复杂的物理现象用简单的形式来描述，可以使一些复杂的物理关系简明化。例如，利用等臂天平称衡物体质量时，当天平指针处在刻度的零位或在零位左右等幅摆动时，天平达到力矩平衡，此时物体的质量（作为待测物理量）和砝码的质量（作为相对参考量）相等；温度计测量温度是热平衡的典型例子；惠斯通电桥测量电阻也是一个平衡法的典型例子，属于桥式电路的一种。所谓桥式电路就是根据电流、电压等电学量之间的平衡原理而专门设计出来的电路，可用来测量电阻、电感、介电常数、磁导率等电磁学参数。

4. 补偿法

补偿法就是在测量中，通过调整一个或几个与待测物理量有已知平衡关系的同类标准物理量，去补偿（或抵消）待测物理量的作用，使测量系统处于补偿（或平衡）状态，从而得到待测量与标准量之间的确定关系。在物理实验中，补偿法的应用十分普遍，通常与平衡法、比较法结合使用。常见的补偿法有温度补偿法、长度补偿法、电流（电压）补偿法、光程补偿法等。

如图 1-7-2 所示，两个电池与检流计串接成闭合回路，两个电池正极对正极，负极对负极相接。调节标准电池的电动势 E_0 的大小，当 E_0 等于 E_x 时，则回路中没有电流通过（检流计的指针指零），这时两个电池的电动势相互补偿了，电路处于补偿状态。因此，利用检流计就可以判断电路是否处于补偿状态，一旦处于补偿状态，则 E_x 与 E_0 的大小相等，就可以知道待测电池的电动势大小了。这种测量电动势（或电压）的方法就是典型的补偿法。

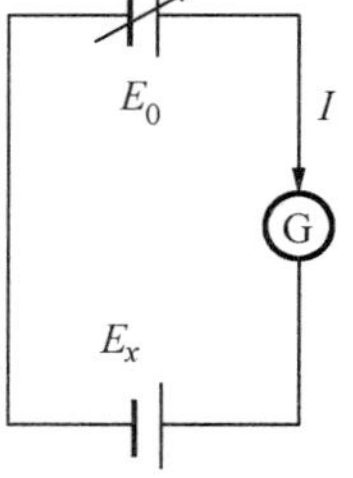

图 1-7-2　补偿法

在测量中由于各种因素的制约，往往存在着无法消除的系统误差，利用补偿法引入相同的效应来补偿那些无法消除的系统误差，是补偿法最主要的作用。例如，在迈克尔逊干涉仪中有一个补偿板，正是为了补偿光在第一个分束镜上引入的光程差。在图 1-7-1 所示的间接比较法测量电阻的实验方案中，实际上也是补偿法的一个应用，通过标准电阻与待测电阻的比较，可以消除电流、电表内阻等附加系统误差对测量精度的影响。

由上可见，补偿测量法的特点是测量系统中包含有标准量具，还有一个指零部件。在测量过程中，被测量与标准量直接比较，测量时要调整标准量，使标准量与被测量之差为零，这个过程称为补偿或平衡操作,采用补偿测量法进行测量的优点是可以获得比较高的精确度。

5. 转换法

1）转换测量法的定义与意义

物理学中的能量守恒及相互转换规律早为人们所熟知。转换法就是依据这些原理,将某些因条件所限无法直接用仪器测量的物理量,或者为了提高待测物理量的测量精度,将待测量转换成为另一种形式的物理量的测量方法。

由上述转换法测量的定义可知,转换法测量通常有以下几个方面的意义。

（1）把不可测量的量转换为可测量的量。

古代曹冲称象的故事,实际上就是叙述了把不可直接测量的大象的质量转换为可测量的石块的质量。再例如,现在理论预言,质子实际上是有寿命的,它将衰变成正电子和介子,其平均寿命为 10^{31} 年,这是一个不可测出的时间,也是等待不到的时间,地球也只存在几十亿年（10^9 年）。解决的途径是：如果考察 1 万吨水,约有 10^{33} 个质子（每吨水中约有 10^{29} 个质子）,则一年内可有近 100 个质子发生衰变。这里把时间概率转换为空间概率,从而把原来根本无法实现的事情转换为可能实现的测量了。

（2）把不易测准的量转换为可测准的量。

有时某个物理量虽然在某种条件下是可以测量的,其实验方案也可以实现,但是这种测量只能是粗略的测量,换一个途径（方案）,转换为其他的物理量来测量可能就会得到更准确的结果。例如,对于不规则物体的体积的测量,如果直接测量就很难得到准确的体积值,但是根据阿基米德原理,可将其转换为容易准确测量的液体的体积来测量。类似的例子还有许多,例如利用热敏元件将对温度的测量转换为对电压或电阻的测量；利用压电陶瓷等压敏元件将压力信号转换成电信号；利用光电池或光电接收器等光敏元件将光信号转换为电信号；利用磁电元件（霍尔元件、磁记录元件等）将磁学量转换成电流、电压等电学量,等等。

（3）用测量改变量替代测量物理量。

把测量物理量转变为测量该物理量的改变量也是转换测量法的一种。在综合性实验中,金属丝杨氏模量的测量和线胀系数的测量就是通过金属丝长度改变量的测量来进行的。

2）转换测量法的两种类型

（1）参量转换法。

利用各种参量变换及其变化的相互关系来测量某一物理量的方法称为参量转换法。例如,在拉伸法测量金属丝杨氏模量的实验中,依据胡克定律,在物体的弹性限度内,应力 F/S 与应变 $\Delta L/L$ 成正比,即

$$\frac{F}{S} = Y\frac{\Delta L}{L}$$

其比例系数 Y 即为金属丝的杨氏模量。利用此关系,将关于杨氏模量 Y 的测量转换为应力 F/S 与应变 $\Delta L/L$ 的测量了。又比如,重力加速度的测量是通过单摆的摆长和周期的幂函数关系来测量的。

（2）能量转换法。

能量转换法是指将某种形式的物理量通过能量变换器（也叫传感器）变成另一种形式的

物理量的测量方法。一般来说是将非电学物理量转换为电学物理量来进行测量。这种转换的主要优点有：第一，电信号容易传递和控制，因而可以方便地进行远距离的自动控制和遥测；第二，对测量结果可以数字化显示，并可以与计算机相连接进行数据处理和在线分析；第三，电测量装置的惯性小，灵敏度高，测量幅度范围大，测量频率范围宽。因此，能量转换法在科学技术与工程实践中得到了广泛的应用，特别在静态测试向动态测试的发展中显示出了更多的优越性。

6. 模拟法

人们在对物质运动规律、各种自然现象进行科学研究及解决工程技术问题中，常会遇到一些特殊的、难以对研究对象进行直接测量的情况。例如，被研究的对象过分庞大或非常微小（航天飞机、宇宙飞船、物质的微观结构、原子和分子的运动……），变化过程太迅猛或太缓慢（天体的演变、地球的进化……），所处环境太恶劣、太危险（地震、火山爆发、原子弹或氢弹爆炸……）等情况，以致对这些研究对象难以进行直接研究和实地测量。于是，人们依据相似性原理，人为地制造一个类似的模型来进行实验。模拟法是指不直接研究自然规律或过程的本身，而用与这些现象或自然过程相似的模型来进行研究的一种方法。模拟法可以按其性质和特点分为两大类：物理模拟和计算机模拟。物理模拟可以分为3类：几何模拟、动力相似模拟、替代或类比模拟（包括电路模拟）。

1）几何模拟

几何模拟是将实物按比例放大或缩小，对其物理性能及功能进行试验。如流体力学实验室常采用水泥造出河流的落差、弯道和河床的形状，还有一些不同形状的挡水状物，用来模拟河水的流向、泥沙的沉积、沙洲和水坝对河流运动的影响，或用"沙堆"研究泥石的变化规律。再比如，研究建筑材料及其结构的承受能力时，可将原材料或建筑群体的设计按比例缩小几分之一到几千分之一，再进行实验模拟。

2）动力相似模拟

动力相似模拟是指模型与原型遵从同样的物理规律，同样的动力学特性。而物理系统常常是不具有标度不变性的。一般来说，几何上的相似并不等于物理上的相似，因而在工程技术中作模拟实验时，如何保证缩小的模型与实物在物理上保持相似性是一个关键性的问题。为了达到模型与原型在物理性质上或规律上的相似或等同性，模型的外形往往不是原型的缩型。例如，在研制飞机时，为模拟风速对机翼的压力而构建的模型飞机外表上往往与真正的飞机有很大的不同，但风速对模型翼部的压力与风速对原型机翼的压力却相似。

3）类比模拟

类比模拟是指两个完全不同性质的物理现象或过程，利用物质的相似性或数学方程形式的相似性类比进行实验模拟。它既不满足几何相似条件，也不满足物理相似条件，而是用别的物质、材料或者别的物理过程，来模拟所研究的材料或物理过程。例如，在模拟静电场的实验中，就是用电流场来模拟静电场的。又如，可以用超声波代替地震波，用岩石、塑料和有机玻璃等做成各种模型，来进行地震模拟实验。

更进一步的物理量之间的替代，就导致了原型实验和工作方式都改变了的特殊的模拟方法。应用最广的就是电路模拟，因为在实际工作中，要改变一些力学量不如改变电阻、电容和电感来得更容易。例如，质量为 m 的物体在弹性力 $-kx$ ，阻尼力 $-\alpha\dfrac{\mathrm{d}x}{\mathrm{d}t}$ 和策动力 $F_0\sin\omega t$ 的作用下，其振动方程为

$$m\frac{\mathrm{d}^2 x}{\mathrm{d}t^2} + \alpha\frac{\mathrm{d}x}{\mathrm{d}t} + kx = F_0\sin\omega t$$

而对 RLC 串联电路，加上交流电压 $U_0\sin\omega t$ ，电荷 Q 的运动方程为

$$L\frac{\mathrm{d}^2 Q}{\mathrm{d}t^2} + R\frac{\mathrm{d}Q}{\mathrm{d}t} + \frac{1}{C}Q = U_0\sin\omega t$$

上述两式是形式上完全相同的二阶常系数常微分方程，利用其系数上的对应关系，就可以把上述力学振动系统用电学振动系统来进行模拟。

模拟法是一种极其简单易行而有效的测试方法，在现代科学研究和工程设计中被广泛地应用。随着计算机的不断发展和广泛应用，用计算机进行模拟实验更为方便，并能将上述各种模拟很好地结合起来。

7. 光的干涉、衍射法

在精密测量中，光的干涉、衍射法具有重要的意义。在干涉现象中，不论是何种干涉，相邻干涉条纹的光程差均等于相干光的波长。可见，光的波长虽然很小，但干涉条纹间的距离或干涉条纹的数目却是可以计量的，因此，通过计量干涉条纹的数目或条纹的改变量，可以实现对一些相关物理量的测量。例如，利用干涉法可以对物体的长度、位移与角度、薄膜的厚度、透镜的曲率半径、气体或液体的折射率等物理量进行精确测量，并可检验某些光学元件表面的平面度、球面度、光洁度及工件内应力的分布等。

光的衍射原理和方法广泛地应用于微小物体和晶体常数的测量，在现代物理实验方法中具有重要的地位。光谱技术与方法、X 射线衍射技术和电子显微技术与方法都与光的衍射原理和方法相关，它们已成为现代物理技术与方法的重要组成部分，在人类研究微观世界和宇宙空间中发挥着重要的作用。

1.7.2　实验方法的选择原则

从不同的需要出发，依据不同的对象和条件，可能选择不同的测量方法。下面简要说明在选择测量方法时要考虑的原则，总的出发点概括为 6 个字："准确、高效、经济。"

1. 简单性原则

直接比较测量法（直读法）是最简单的测量方法。在实验中，凡是可以选用直读式仪表直接测量的场合，要尽量选用。比如，测量热电偶的温差电热，可用灵敏电流计串联电阻做间接测量，也可以采用传统的电位差计的补偿法，还可以用数字毫伏表直接测量，这 3 种方法中数字毫伏表直接测量是最高效的方法。

2. 巧用间接测量方法

设计新的间接测量方法是测量技术中富有挑战性和创造性的工作。用间接测量法，可以把一些不可测量的量转换为可测量的量，把一些不易测准的量转换为可测准的量或绕过一些不易测准的量来进行测量。曹冲称象便是一个典型的例子。

3. 选用最佳变换环节

测量尤其是间接测量法的关键环节就是对被测量的变换。采用什么样的变换，运用什么类型的传感技术，是实验原理选择的重要内容之一。

4. 系统误差最小化原则

减小或消除系统误差的影响是提高实验准确度的关键措施，系统误差最小化常常是测量方法选择的考虑重点。

5. 随机误差影响的最小化原则

采用相同条件下多次测量取平均值的方法，能减小随机误差的影响。

6. 对被测量的作用最小化原则

测量过程原则上要以测量装置或仪器作用于被测对象，必然会使被测量的状态或过程发生一定的改变，有时这种改变是显著的，有时是难以估计和消除的。因此，要尽量减小测量操作对被测对象的影响。电压补偿法最大的优点在于几乎不从被测对象中吸取电流，因而几乎不改变被测量（电流补偿法与此类似）。数字表直读法优于模拟表的原因之一就是数字表的输入阻抗大，使被测对象的改变很小。螺旋测微计的棘轮能保证测量力稳定在 6~10 N，以减小压陷效应的系差影响。

7. 充分利用测量能得到的全部信息

测量过程不要只注意仪器的主要测得值的信息，还要注意收集和利用可以同时获得的其他信息。比如，测量仪器中的标准器具、指示仪表附件等的技术参数，环境温度、气压等影响量的参数。在实验中，对于同一组测得量，是采用固定量作改变的直线拟合还是多元回归法（组合测量法），要依据测量所得的全部信息来最终决定。

8. 经济性原则

这里的经济性不仅包括实验所需仪器设备的全部相关支出的经济性，还应包括测量效率对工程或技术整体的经济性贡献。经济性不能只看仪器的单价，如果"全部相关支出"高，或者测量及其准备的时间长，都不经济。因此，充分利用已有的仪器设备条件选用合适的间接测量方法（即使这种仪器偏贵），往往也是比较经济的方法。

当然，实验方法的选择是一个比较复杂的问题，本书只简要讨论一部分选择原则。虽然新的复杂对象的测量方法设计一般是物理学家和计量学家的任务，需要丰富的计量学、理论物理和实验物理学的基础知识与经验积累，但是只要我们掌握一些基本的理论原理，勇于探索，敢于提出新想法，敢于实践，善于在实践中修正和改进实验方法，完全有可能在实验设计领域做出创新性的工作成绩。

1.7.3 实验设计的基本原则

实验设计，就是运用计量学和数学理论，研究合理的测量程序和方法，研究如何控制各因素在实验中的条件和参数，以得出最好的测量结果。实验设计还研究在各种允许的条件下存在最佳实验方法的可能性，并研究如何求出最佳方案。实验设计可以使我们以尽量少的费用、尽量少的实验次数或尽量少的时间来获得足够有效的信息，从而可以得到更为准确的测量结果。所以，在实验设计中，主要研究得出如何使测量结果准确（即不确定度较小）的最佳实验方案。下面将对物理实验设计中的一些要点作简要阐述。

1. 实验的目标和对象

实验通常是根据基本物理原理对多个直接测量物理量的测量来完成的，所以，实验设计的首要任务是明确实验目标和测量对象。对实验目标和测量对象的认识可以从以下几个方面来考虑：

1）明确被测物理量的定义和真值概念

首先明确测量对象（最终测量值），其次应弄清楚被测物理量的测量条件，即是在什么条件下对物理量进行测量，即被测量的真值是如何定义的。

2）明确测量主要相关量或影响量之间的基本关系

测量对象不是孤立的，在大多数情况下它和与之相联系的可以直接测量的物理量存在某种函数关系。因此，明确测量对象就需要明确它和与之相关的物理量之间的基本关系。

3）明确测量对象在总体任务中的作用和地位

明确测量对象在总体任务中的作用和地位，是实验设计中必须认真考虑的问题。实验前应当明确测量任务在整体工作中的必要性和测量准确度指标的重要性。找出测量中哪些物理量对测量结果的影响占主要地位，哪些对测量结果的影响可以忽略，这样在实验中就可以做到事半功倍。

4）初步明确测量准确度要求指标

测量准确度的初步要求是实验设计的最重要的依据参数。在大学物理实验中，大多数实验都是在实验结束后才评价测量结果的标准度（用误差限制或不确定度表征），还有一些实验旨在验证和学习物理原理，对不确定度的分析可以从略。但是，要真正做好实验，首先要明确每个实验对测量准确度的要求，在此基础上，实验前应对测量有一个基本的准确度估计，并在实验过程中不断加以修正，最终达到测量的高准确度，这也是工程技术领域实验的要求。

2. 实验仪器的选择

在明确了实验目标和对象之后，实验设计中如何选择实验仪器是一个非常重要的步骤。

实验仪器选择的好坏，直接影响实验的成功率、测量的精确度以及实验效率。对实验仪器的选择可以概括为 6 个字："准确、高效、经济。"实验仪器的选择原则和实验方法的选择是紧密相关的，两者相辅相成。在仪器的选择中，应考虑如下几个方面的因素：

1）仪器的技术指标和对环境的要求特性

测量仪器的计量特性指标有许多，最重要的指标是测量准确度。准确度是一个定性的概念，具体用测量不确定度或仪器的允许误差限的定量指标来描述。"准确度、稳定性、量程和分辨率"等是仪器特性的重要参数。

能够对同一物理量进行测量的仪器种类很多，不同的仪器有不同的性能指标，为了能够实现实验设计的要求，在对实验仪器进行选择时，首先要考虑仪器的技术指标（包括测量范围、允许误差限、分度值等），这是决定实验能否达到设计要求的关键。其次要考虑的就是环境参数能否满足实验条件的要求，这对测量的精确度有很大的影响。例如，环境温度、湿度等不能达到仪器的要求，由该仪器测量得到的数据就可能出现较大的误差。

2）仪器精度的选择

任何一种测量仪器都有一定的精确度。在选择仪器时，不是仪器精度越高越好，而是应该"适可而止"，以满足实验设计所要求的测量范围、允许误差限为宜。实际上，就仪器而言，精确度越高，就意味着高的环境要求、高的操作要求和高的经济费用，因此必须合理地选择仪器。例如，在测量中，有的被测量对整个测量结果的精确度的影响很小，几乎可以忽略不计，此时就没有必要选择高精度仪器；而有的被测量对整个测量结果的精确度影响很大，这就需要较高精度的测量仪器。

在对测量仪器的选择时，主要依据是数据处理原理。一般来讲，在仪器选择之前，应对实验结果进行一个初步估计，由此确定各被测量所需的仪器。基本方法如下：

假设间接测量值 Y 是由 X_1、X_2、$\cdots$、X_m 个直接测量值求出的，它们之间的关系是

$$Y = X_1^a \cdot X_2^b \cdots X_m^p \tag{1-7-1}$$

则其相对误差为

$$\frac{\Delta Y}{Y} = |a|\frac{\Delta X_1}{X_1} + |b|\frac{\Delta X_2}{X_2} + \cdots + |p|\frac{\Delta X_m}{X_m} \tag{1-7-2}$$

当实现对测量提出的精确度要求为 $\frac{\Delta Y}{Y} \leqslant E$ 时，如何将这个误差分配给各直接测量值，方案很多，但通常用得较多的是平均分配，即

$$|a|\frac{\Delta X_1}{X_1} = |b|\frac{\Delta X_2}{X_2} = \cdots = |p|\frac{\Delta X_m}{X_m} \leqslant \frac{1}{m}E \tag{1-7-3}$$

则有

$$|a|\frac{\Delta X_1}{X_1} \leqslant \frac{1}{m}E, \quad |b|\frac{\Delta X_2}{X_2} \leqslant \frac{1}{m}E, \quad \cdots, \quad |p|\frac{\Delta X_m}{X_m} \leqslant \frac{1}{m}E \tag{1-7-4}$$

因此

$$\Delta X_1 \leqslant \frac{1}{|a|m} EX_1, \quad \Delta X_2 \leqslant \frac{1}{|b|m} EX_2, \quad \cdots, \quad \Delta X_m \leqslant \frac{1}{|p|m} EX_m \qquad （1\text{-}7\text{-}5）$$

此时，可以根据 ΔX_i 的值确定测量 X_i 时应使用何种精确度的仪器，只要仪器精确度或最小刻度值小于 ΔX_i 即可。

【例 1-7-1】 使用单摆测量某地的重力加速度 g，要求结果 $\dfrac{\Delta g}{g} \leqslant 0.2\%$ 时，如何选择长度和周期的测量仪器？

解：根据上述原理，有

$$\frac{\Delta g}{g} = \frac{\Delta l}{l} + 2\frac{\Delta T}{T} \leqslant 0.002$$

根据平均分配原则，得

$$\frac{\Delta l}{l} \leqslant 0.001, \quad 2\frac{\Delta T}{T} \leqslant 0.001$$

考虑到利用单摆测量重力加速的时候，摆长一般取 100 cm，此时摆动周期大约为 2 s。因此有

$$\Delta l \leqslant 0.1\,\mathrm{cm}, \quad \Delta T \leqslant 0.001\,\mathrm{s}$$

由此可知，测量单摆摆长使用最小刻度值为毫米的米尺即可。但是，测量周期时，如果按照 0.001 s 的要求，就要使用数字毫秒计测量才能满足要求。此处，我们可以采用一种变通的方法，即连续测量 n 个周期的时间 t，则 $t = nT$。有

$$\frac{\Delta t}{t} = \frac{\Delta T}{T}$$

则

$$\Delta t = \frac{\Delta T}{T} t = n\Delta T$$

当 $n = 100$ 时，$\Delta t = n\Delta T = 0.1\,\mathrm{s}$。因此如果连续测量 100 个周期，使用秒表即可满足要求。

1.7.4　物理实验中的基本调整与操作技术

实验中的调整和操作技术十分重要，正确的调整和操作不仅可将系统误差减小到最低限度，而且对提高实验结果的准确度有直接影响。

1. 零位调整

使用任何测量器具都必须调整零位，否则将引入人为的系统误差。零位调整的两种方法如下：

（1）利用仪器的零位校准器进行调整，例如天平、电表等。

（2）无零位校准器，则利用初读数对测量值进行修正，例如游标卡尺和千分尺等。

2. 水平铅直调整

有些实验由于受地球引力的作用，实验仪器要求达到水平或铅直状态才能正常工作，例如天平和气垫导轨的水平调节，调三线摆的水平和铅直等。水平和铅直调节过程要仔细观察，切忌盲目调节。

3. 消除视差

在进行实验观测时，由于观测方法不当或测量器具调节不正确，在读数时会产生视差。所谓视差是指待测物与量具（如标尺）没有位于同一平面而引进的读数误差。消除视差的方法：

（1）米尺和电表读数时，应正面垂直观测。

（2）用带有叉丝的测微目镜、读数显微镜和望远镜测量时，应仔细调节目镜和物镜的距离，使像与叉丝共面。

4. 先粗调后细调的原则

在实验时，先用目测法尽量将仪器调到所要求的状态，然后再按要求精细调节，以提高调节效率。例如"金属丝杨氏弹性模量的测定"的实验中望远镜的调整，分光计的调整，气垫导轨调平等。

5. 等高共轴调整

在光学实验测量之前，要求将各器件调整到等高共轴状态，即要求各光学元器件主光轴等高且共线。等高共轴调整分两步进行：

（1）粗调：用目测法将各光学元件的中心以及光源中心调成共轴等高，使各元件所在平面基本上相互平行且与其轴垂直。

（2）细调：利用光学系统本身或借助其他光学仪器，依据光学基本规律来调整。如依据透镜成像规律，由自准直法和二次成像法调整等高共轴等。

6. 逐次逼近法

调节与测量应遵守逐次逼近的原则，特别是对于示零仪器（如天平、电桥、电位差计等），采用正反向逐次逼近的方法，能迅速找到平衡点，分光计中所用的"各半调节法"也属于逐次逼近法。

7. 先定性后定量原则

在实验测量前，先定性地观察实验变化过程，了解变化规律，再定量测定，可快速获得较正确的结果。

8. 电学实验的操作规程

注意安全用电，合理布局、正确接线、仔细检查确认线路无误后再合上电源进行实验测量，实验完毕，拉开电源，归整仪器。

9. 光学实验操作规程

要注意保护光学仪器，机械部分操作要轻、稳，注意眼睛的安全。

第2章 常用仪器原理及使用方法

2.1 长度测量仪器

2.1.1 游标卡尺

1. 结 构

游标卡尺是一种能准确到 0.1 mm 以上的较精密量具，用它可以测量物体的长、宽、高、深及工件的内、外直径等。它主要由按米尺刻度的主尺和一个可沿主尺移动的游标（又称副尺）组成。常用的一种游标卡尺的结构如图 2-1-1 所示。D 为主尺，E 为副尺，主尺和副尺上有测量钳口 AB 和 A′B′，钳口 A′B′用来测量物体内径；尾尺 C 在背面与副尺相连，移动副尺时尾尺也随之移动，可用来测量孔径深度；F 为锁紧螺钉，旋紧它，副尺就与主尺固定了。

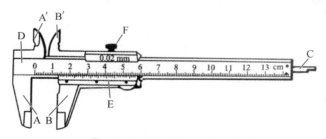

图 2-1-1 游标卡尺构造图

2. 分度原理

如果用 y 表示主尺上的最小分度值，用 N 表示游标刻度尺上的总格数，而游标刻度尺上 N 分格的总长度与主刻度尺上的 $(N-1)$ 分格的总长度相等。设游标刻度尺上每个等分格的长度为 x，则有

$$Nx = (N-1)y$$

主刻度尺与游标刻度尺上每个分格之差 $y-x=\dfrac{1}{N}y$，即为游标卡尺的最小读数值（也称最小分度值或精度），这就是游标分度原理。

不同型号和规格的游标卡尺，其游标的长度和分度数可以不同，但其游标的基本原理均相同。主尺上的最小分度是毫米，若 $N=10$，即游标刻度尺上 10 个等分格的总长度和主刻度尺上的 9 mm 相等，每个游标分度是 0.9 mm，主刻度尺与游标刻度尺每个分度之差

$\Delta x = 1 - 0.9 = 0.1\,\text{mm}$，称作 10 分度游标卡尺；同理，若 $N = 20$，游标卡尺的最小分度值为 $\dfrac{1}{20} = 0.05\,\text{mm}$，称作 20 分度游标卡尺；若 $N = 50$，游标卡尺的最小分度值为 $\dfrac{1}{50} = 0.02\,\text{mm}$，此值正是测量时能读到的最小读数（也是仪器的示值误差），称作 50 分度游标卡尺。本实验室采用的是 50 分度的游标卡尺，如图 2-1-2 所示。

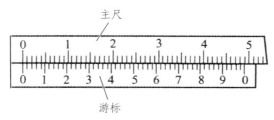

图 2-1-2 主尺与游标尺

3. 读　数

游标卡尺的读数表示的是主刻度尺的 0 线与游标刻度尺的 0 线之间的距离。读数可分为两步：首先，在主尺上与游标"0"线对齐的位置读出整数部分（毫米位）L_1；其次，在游标上读出不足 1 mm 的小数部分 L_2，二者相加 $L = L_1 + L_2$ 就是测量值，其中 $L_2 = k\dfrac{1}{N}\,\text{mm}$，$k$ 为游标上与主尺某刻线对得最准的那条刻线的序数。

例，如图 2-1-3 所示的游标尺读数为：

$$L_1 = 0 \ , \quad L_2 = k\frac{1}{N} = 12 \times \frac{1}{50} = 0.24\,(\text{mm})$$

所以

$$L = L_1 + L_2 = 0.24\,(\text{mm})$$

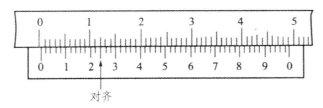

图 2-1-3　50 分度游标卡尺

4. 注意事项

（1）游标卡尺使用前，应该先将游标卡尺的卡口合拢，检查游标尺的 0 线和主刻度尺的 0 线是否对齐。若没有对齐说明卡口有零误差，应记下零点读数，用以修正测量值。

（2）推动游标刻度尺时，不要用力过猛，卡住被测物体的松紧应适当，更不能卡住物体后再移动物体，以防卡口受损。

（3）用完后两卡口要留有间隙，然后将游标卡尺放入包装盒内，不能随便放在桌子上，更不能放在潮湿的地方。

2.1.2 螺旋测微计

1. 结 构

螺旋测微计（又名千分尺）是螺旋测微量具中的一种，是一种较游标卡尺更精密的量具，常用来测量线度小且准确度要求较高的物体的长度。较常见的一种螺旋测微计的构造如图 2-1-4 所示。该量具的核心部分主要由测微螺杆和螺母套管所组成，是利用螺旋推进原理而设计的。

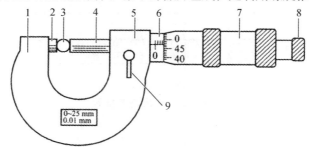

1—尺架；2—固定测砧；3—待测物体；4—测微螺杆；5—螺母套管；6—固定套管；7—微分筒；8—棘轮；9—锁紧旋钮。

图 2-1-4　螺旋测微计构造图

2. 原 理

测微螺杆的后端连着圆周上刻有 N 分格的微分筒，测微螺杆可随微分筒的转动而进、退。螺母套管的螺距一般为 0.5 mm，当微分筒相对于螺母套管转一周时，测微螺杆就沿轴线方向前进或后退 0.5 mm；当微分筒转过一小格时，测微螺杆则相应地移动 $\frac{0.5}{N}$ mm 的距离。可见，测量时沿轴线的微小长度均能在微分筒圆周上准确地反映出来。

比如 $N = 50$，则能准确读到 0.5/50 = 0.01 mm，再估读一位，则可读到 0.001 mm，这正是称螺旋测微计为千分尺的缘故。实验室常用的千分尺的示值误差取为 0.005 mm。

3. 读 数

读数可分为两步：首先，在螺母套管的标尺上读出 0.5 mm 以上的读数；其次，再由微分筒圆周上与螺母套管横线对齐的位置上读出不足 0.5 mm 的数值，再估读一位，则几者之和即为待测物体的长度。如图 2-1-5 所示：

（a） $L = 5.5 + 15.0 \times 0.01 = 5.650$ mm

（b） $L = 5 + 15.0 \times 0.01 = 5.150$ mm

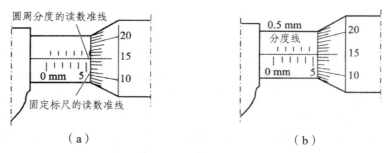

（a）　　　　　　　　　　（b）

图 2-1-5　螺旋测微计测量长度

4. 零误差 δ_0（也称零点读数）

测量前，应进行"零"点核准，即零点修正。不夹被测物而使测杆与测砧相接时，活动套管上的零刻线应当刚好和固定套管上的横线对齐。实际使用的螺旋测微计，由于调整得不充分或使用不当，其初始状态多少与上述要求不符，即有一个不等于零的零点读数，如图 2-1-6 所示，一定要注意零点读数的符号不同。测量之后，要从测得值的平均值中减去零点读数，即

$$d = \overline{d} - \delta_0 \text{（测量值＝平均值－零误差）}$$

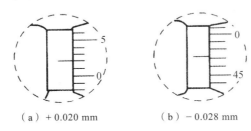

（a）＋0.020 mm   （b）－0.028 mm

图 2-1-6　零点读数

5. 注意事项

（1）测量前先要进行"零"点核准。

（2）测量时，将待测物放于测砧与测杆之间，转动微分筒，当测杆与待测物快要接触时，再轻轻转动棘轮，听到"轧、轧"声音时停止转动，进行读数。测量中注意不要用力过猛，以免损坏接触面。

（3）测量完毕后，要使测砧与测杆之间留有一定的间隙，以免受热膨胀时两接触面因挤压而被损坏。

2.1.3　移测显微镜（又称读数显微镜）

1. 结　构

移测显微镜是用来测量微小长度和微小距离的，它主要由 3 个部分组成：低放大倍数的显微镜、微小测量长度部分（多分度的游标或螺旋测微计）和机械部分，如图 2-1-7 所示。

图 2-1-7　移测显微镜

2. 使用方法

（1）按要求将物镜对准待测物体。

（2）调节显微镜的目镜，使十字叉丝清晰。

（3）旋转手轮，调节显微镜的焦距，使待测物体成像清晰。

（4）调节目镜系统，使叉丝横线与读数显微镜的标尺平行，消除视差。

（5）转动目镜，使叉丝竖线与待测物体的一个端面平行，并旋转测微手轮，使叉丝竖线与端面边线重合（或与待测的孔径一点相切），并记下标尺的读数 x_1；继续旋转测微手轮，使叉丝竖线与待测物体的另一端面边线重合（或与待测孔径对称的另一点相切），并记下标尺的读数 x_2；两次读数之差 $\Delta L = |x_2 - x_1|$，即为待测物体的长度（或孔径的大小），如图 2-1-8 所示。

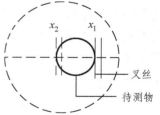

图 2-1-8　读数显微镜的使用

3. 使用注意事项

（1）测量前应将各紧固手轮旋紧，以防止发生意外。

（2）测量长度时，显微镜的移动方向应与待测长度平行。

（3）在同一次测量中，测微手轮必须沿一个方向旋转，中途不得反转，以免引起回程误差。

强调说明：在同一次测量过程中，移动显微镜使其从相反方向对准同一目标的两次读数，似乎应当相同，但实际上由于螺丝和螺套不可能完全密接，螺旋转动方向改变时，它们的接触状态也将改变，两次读数将不同，由此产生的测量误差称为回程误差。为了防止回程误差，在测量时应当向同一方向转动鼓轮使叉丝和各目标对准，当移动叉丝超过了目标时，就要多退回一些，重新再向同一方向转动鼓轮去对准目标。

2.2　物理天平

物理天平是实验室中的常用仪器，其结构如图 2-2-1 所示。在横梁 BB′ 的中点和两端共有 3 个刀直口，中间刀口安置在支柱 H 顶端的玛刀垫上，作为横梁的支点。在两端的刀口上悬挂 2 个秤盘 P 和 P′。每架天平都配有一套砝码，实验室常用的物理天平最大称量为 500 g，1 g 以下的砝码太小，用起来很不方便，所以在横梁上附有可以移动的游码 D，横梁上每个分格为 20 mg，游码在横梁上向右移动一个分格，就相当于在右盘中加一个 20 mg 的砝码。横梁下部装有读数指针 J，支柱 H 上装有标尺 S，根据指针在标尺上的示数来判定天平是否平衡。托架 Q 是为了用流体静力称衡法时放置盛水的烧杯而设置的。

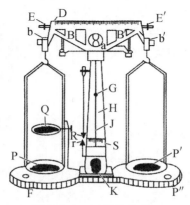

图 2-2-1　天平的构造

描述天平性能常用最大称量和感量，如上述天平最大称量为 500 g。感量则是指天平的指针 J 从标尺 S 上零点平衡位置偏转一个最小分格时，天平所需增加的砝码质量，一般与横梁上标尺的最小分度所对应的质量相对应，如上述天平最小分度值为 20 mg，则天平的感量为 20 mg，天平的灵敏度是感量的倒数，即天平平衡时，在砝码盘中加单位质量后指针 J 所偏转的格数。

实验室常用的物理天平还有称量 1 000 g、分度值为 50 mg，称量 1 000 g、分度值为 100 mg 两种。

1. 物理天平的操作步骤

（1）调节支柱垂直。通过调节底座螺丝，观察天平底座上的水准泡是否居中。

（2）调整零点。把游码 D 拨到刻度"0"处，将称盘吊钩挂在两端刀口上，向右旋转止动旋钮 K 支起天平横梁，观察指针 J 的摆动情况，当指针 J 在标尺 S 的中线上左右进行等幅摆动时，天平即达到平衡，否则可调节平衡螺母 E 及 E′使天平平衡。

（3）称衡。将待测物体放在左盘，砝码放在右盘，向右旋转止动旋钮 K 支起天平横梁，观察指针 J 的摆动情况，当指针 J 在标尺 S 的中线上左右进行等幅摆动时，天平即达到平衡，此时物体的质量等于砝码的质量；如果不平衡，则适当增减砝码或拨动游码使天平达到平衡。

（4）称衡完毕。向左旋转止动旋钮 K，放下横梁；全部称衡完毕后将秤盘摘离刀口。

2. 天平复称

如果天平横梁的二刀口不等臂，称量时会造成系统误差，可用交换被测物体与砝码的复称方法求得物体的质量

$$m = \sqrt{m_1 m_2}$$

3. 注意事项

（1）每台天平的秤盘、横梁都不能相互交换，天平左右的配件也不能交换。

（2）为了避免刀口受冲击而损坏，取放物体或加减砝码时，都必须使天平处于止动状态，且启动和止动天平时动作要轻。

（3）物体和砝码都应放在盘的中央，重的在中央，轻的在外围。

（4）砝码只准用镊子夹取，不准用手拿，砝码取下要放在砝码盒中，以免生锈和沾上灰尘。

（5）天平的各部分以及砝码都要防锈、防蚀、防高温，液体和带腐蚀的化学药品不得直接放入盘中称量。

2.3 气垫导轨

气垫导轨是力学实验的基本仪器。它由导轨、滑块和光电计时装置所组成，如图 2-3-1 所示。

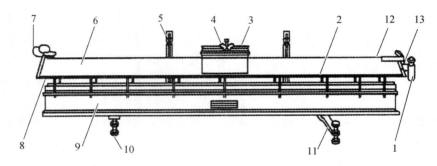

1—进气口；2—标尺；3—滑块；4—挡光片；5—光电门；6—导轨；7—滑轮；8—测压口；
9—底座；10—垫脚；11—支脚；12—发射架；13—端盖。

图 2-3-1　气垫导轨

1. 导　轨

导轨的主体是由一根长度 1.2～1.5 m 的中空三角形铝合金管制成的。一端用堵头封死，另一端装有进气嘴，可向管内送入压缩空气。在导轨的两表面上钻有很多排列整齐的小孔，通入的压缩空气由小孔喷出，在滑块和导轨之间形成厚度在 100～200 μm 的薄空气层（气垫），滑块就漂浮在气垫上。由于气垫的存在，滑块可以在气垫上做近乎于无摩擦的运动。

导轨下部装有调节导轨水平的螺丝，导轨的一端装有气垫滑轮。为了避免碰伤导轨，在导轨的两端装有缓冲弹簧。另外，在导轨的一侧装有长度标尺，以便读取两光电门之间的距离。

2. 光电计时装置

光电计时装置由光电门、光电控制器和数字毫秒计组成。在导轨的一个侧面安装了位置可以移动的光电门（一般由光电二极管和小聚光灯组成），它能测定滑块在气垫导轨上不同位置的速度。将光电二极管的两极通过导线和数字毫秒计的光控输入端相接，当光电门中的聚光小灯泡射向二极管的光被运动滑块上的挡光板所遮挡时，光电控制器立即输出计时脉冲，毫秒计开始计时；待滑块通过，挡光结束，光电控制器输出一个停止计时脉冲，使毫秒计停止计时，这时毫秒计上显示的数字就是开始挡光到挡光结束之间的时间间隔。若挡光板的宽度为 Δx，毫秒计所显示的时间为 Δt，则可以求出滑块经过光电门时的平均速度 $\bar{v} = \dfrac{\Delta x}{\Delta t}$，如果适当地减小挡光板的宽度 Δx，以致挡光板通过光电门的时间 Δt 非常短暂，则上述平均速度就可以近似为瞬时速度。

3. 滑　块

滑块是在导轨上运动的物体，它的形状如图 2-3-2 所示。它由铝合金制成，它的两个表面和导轨的两个表面精密吻合。根据实验需要，其上可以安装各种附件，如不同的挡光片、重物块、小砝码等。滑块的两端一般装有缓冲弹簧，但也可以安装尼龙搭扣以实现完全非弹性碰撞。

其他附件还有斜度垫块、弹簧、小砝码盘等。

4. 挡光片

挡光片的形状有两种，如图 2-3-3 所示。实验中将挡光片贴在滑块上，随滑块一起运动。如果采用图 2-3-3（a）型片（也叫平面挡光片），将在光线被挡住时开始计时，光线被挡结束就停止计时。

如果采用图 2-3-3（b）型片（也叫 U 形挡光片），将在光线被挡住时开始计时，光线被挡结束仍然继续计时，只在下一次光线被挡才停止计时。图中箭头表示运动方向。

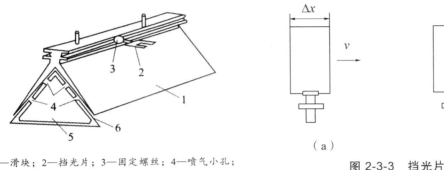

1—滑块；2—挡光片；3—固定螺丝；4—喷气小孔；
5—导轨管腔；6—薄空气层。

图 2-3-2　滑块结构

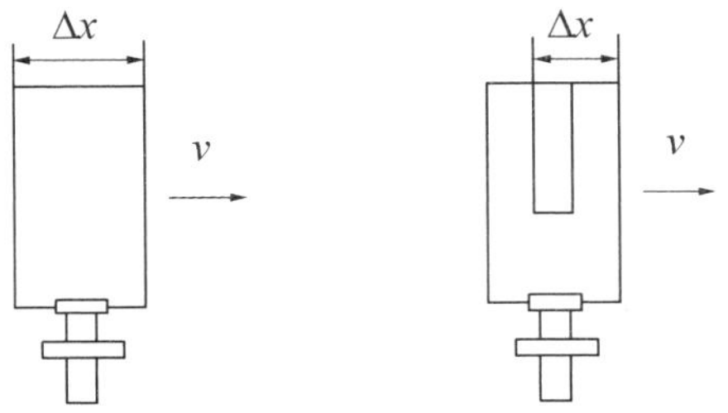

图 2-3-3　挡光片

2.4　惯性秤

如图 2-4-1 所示是惯性秤中的一种，其主要部分是两根弹性钢片连成的一个悬臂振动体 A，振动体的一端是秤台 B，秤台的槽中可插入定标用的标准质量块。振动体 A 的另一端是平台 C，通过固定螺栓 D 把 A 固定在 E 座上，旋松固定螺栓 D，则整个悬臂可绕固定螺栓转动，E 座可在立柱 F 上移动，挡光片 G 和光电门 H 是测量周期用的。光电门和周期测试仪用导线相连。立柱顶端的吊杆 I 用来悬挂待测物，研究重力对惯性秤的振动周期的影响。

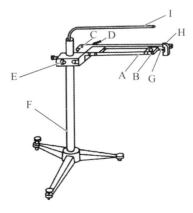

图 2-4-1　惯性秤的结构

2.5 示波器

2.5.1 示波器的结构

示波器一般由示波管、衰减系统和放大系统、扫描和整步系统及电源等部分组成，其原理如图 2-5-1 所示。

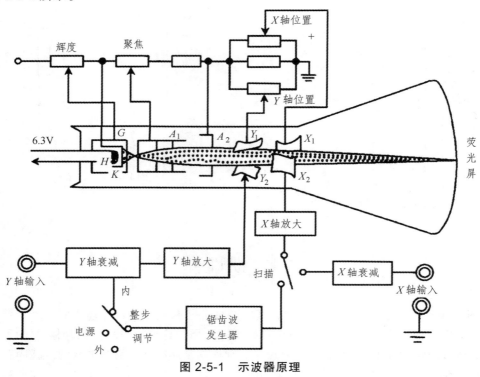

图 2-5-1 示波器原理

1. 示波管

示波管是示波器的基本构件，它由电子枪、偏转板和荧光屏 3 部分组成，并被封装在一个高真空的玻璃管内，电子枪是示波管的核心部件。

1）阴极——电子射线源

H 是灯丝，K 是阴极，二者构成了示波器的电子射线源，阴极在受热后将产生大量电子。

2）栅极——辉度控制

G 是控制栅极，它是一个围着阴极的圆柱，圆柱前面突出的一边盖上一块膜片，片中央开了一个圆孔。G 极电位低于阴极 K，因此两极之间形成的电场是阻止电子运动的，只有那些能量足以克服这一阻止电场作用的电子才能穿过控制栅极。调节栅极的电位就可以控制穿过栅极的电子数，即控制了电子射线束的强度。

荧光的亮度取决于射到荧光屏上的电子的能量，因此栅极电位的高低也就决定了光点的亮暗。

3）第一阳极聚焦

A_1 是第一阳极，呈圆柱形（或圆形），有好几个间壁（中心穿有小孔），第一阳极上加有几百伏的电压，形成一个聚焦电场，当电子束通过此聚焦电场时，在电场力的作用下，电子运动轨迹改变而会合于一点，结果在荧光屏上得到一个又小又亮的光点，调节加在 A_1 上的电压可以达到聚焦的目的。

4）第二阳极——电子的加速

A_2 称为第二阳极，其上加有 1 000 V 以上的电压。聚焦后的电子经过这个高压电场的加速获得足够的动能，使其成为一束高速的电子流，这些能量很大的电子打在荧光屏上引起了荧光物质发光。能量越大，光亮越强，但电子能量也不能太大，太大可使发光强度过大，烧坏荧光屏。一般在 1 500 V 左右的电压就够了。

5）偏转板

X_1、X_2，Y_1、Y_2 是互相垂直放置的两对金属板，称为偏转板。两对板上分别加以直流电压，以控制电子束的位置，适当调节这个电压值可以把光点或波形移到荧光屏的中间部位。

6）荧光屏

P 是荧光屏，上面涂有硅酸锌、钨酸镉、钨酸钙等磷光物质，在高能电子的轰击下发光。硅酸锌呈绿色，多为观察时使用；钨酸钙呈蓝色，多为照相时所使用。晖光的强度决定于电子的能量和数量。在电子射线停止作用后，磷光要经过一定的时间才熄灭，这个时间称为余晖时间，正是靠余晖我们得以在屏上观察到光点的连续轨迹。

2. 电压放大和衰减系统

该系统包括 X 轴衰减、X 轴放大、Y 轴衰减、Y 轴放大。

由于示波管本身的 X 及 Y 偏转板的灵敏度不高（0.1 ~ 1 mm/V），当加于偏转板上的信号电压较小时，电子束不能发生足够的偏转，以致屏上光点位移过小，不便观察，这就需要预先把小的信号电压放大后再加到偏转板上，为此设置 X 轴及 Y 轴放大器。衰减器的作用是使过大的输入信号电压减小，以适应放大器的要求，否则放大器不能正常工作，甚至受损。衰减器通常分为 3 挡：1、1/10、1/100，但习惯上是在仪器面板上用其倒数 1、10、100。

2.5.2　示波器的示波原理

从示波管的原理可知，如果偏转板上不加电压，从阴极发出的电子将聚焦于荧光屏的中间而只产生一个光点。如果偏转板上加有电压，电子束的方向将会由于偏转电场的作用而发生偏移，从而使荧光屏上的亮点位置也跟着变化，在一定范围内，亮点的位移与偏转板上所加电压成正比。

1. 示波器的扫描

经常遇到的情况是要测从 Y 轴输入的周期性信号电压的波形，即必须使信号电压在一个（或几个）周期内随时间的变化稳定地出现在荧光屏上。但如果仅把一个周期性的交变信号如正弦电

压信号 $V_x = V_0 \sin \omega t$ 加到 Y 偏转板上而 X 偏转板上不加信号电压，则荧光屏上的光点只是做上下方向的正弦振动，振动的频率较快时，我们看到的只是一条垂直的亮线，如图 2-5-2（a）所示。

要在荧光屏上展现出正弦波形，就需要将光点沿 X 轴方向展开，故必须同时在 X 锯齿板上加随时间线性变化的电压，称扫描电压。这种扫描电压随时间变化的关系如同锯齿，故称为锯齿波电压，如图 2-5-2（b）所示。如果单独把锯齿波电压加在 X 偏转板上而 Y 偏转板不加电压信号，也只能看到一条水平的亮线，如图 2-5-2（c）所示。

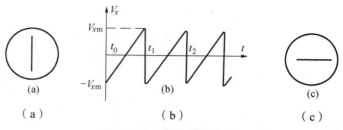

图 2-5-2　示波器的扫描

在 Y 偏转板上信号电压与 X 偏转板上扫描电压的同时作用下，电子束既有 Y 方向的偏转，又有 X 方向偏转，在两者的共同影响下，穿过偏转板的电子束就可在荧光屏上显示出信号电压的波形，若扫描电压和正弦电压周期完全一致，则荧光屏上显示的图形将是一个完整的正弦波，如图 2-5-3 所示。

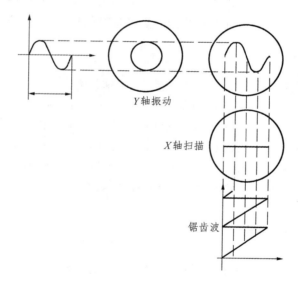

图 2-5-3　示波器的整步

综上所述，要观察加在 Y 偏转板上电压 V_y 的变化规律，必须在 X 偏转板上加锯齿波电压，把 V_y 产生的竖直亮线展开，这个展开过程称为"扫描"。

2. 示波器的整步

由图 2-5-3 可以看出，当 V_y 与 X 轴的扫描电压周期相同时，亮点描完整个正弦曲线后迅速返回原来开始的位置，于是又描出一条与前一条完全重合的正弦曲线，如此重复，荧光屏上显示出一条稳定的正弦曲线。如果周期不同，那么第二次、第三次……描出的曲线与第一次的曲线就不重合，荧光屏上显示的图形就不是一条稳定的曲线，因此，只有信号电压的周期 T_y 与扫描电压的周期 T_x 严格相同或 T_x 为 T_y 的整数倍时，图形才会清晰而稳定。换言之，对于连续的周期信号，构成清晰而稳定的示波图形的条件是信号电压的频率 f_y 与扫描电压的频率 f_x 成整数倍关系，即

$$f_y = nf_x \ (n = 1，2，3，\cdots) \tag{2-5-1}$$

事实上，由于 V_y 与 V_x 的信号来自不同振荡源，它们之间的频率比不会自然满足简单的整数倍，所以示波器中的扫描电压的频率必须可调。调节扫描电压频率使其与输入信号的频率成整数倍的调整过程称为"整步"。细心调节扫描电压的频率，可以大体满足以上关系，但要准确地满足此关系仅靠人工调节是不容易的，待测电压的频率越高，调节越不容易。为了解决这一问题，示波器内部设有"整步"装置。在两频率基本满足整数倍的基础上，此装置可用信号电压的频率 f_y 调节扫描电压的频率 f_x，使 f_x 准确地等于 f_y 的 $1/n$ 倍，从而获得稳定的波形。

2.5.3 示波器的应用

示波器能够正确地显示各种波形的特性，因而可用来监视各种信号及跟踪其变化规律。利用示波器还可将待测的波形与已知的波形进行比较，粗略地测量波形的幅度、频率和相位等各种参量。

1. 观察波形

示波器的种类很多，性能上差异也较大，以下的讨论均以通用示波器 SB-10 为准进行，在操作上和实验室提供的仪器可能不同，但基本思想是相同的。使用示波器前，先将各旋钮放在左右可调的中间位置，然后接通电源，预热 1 min。

将待测信号接到"Y 输入"，"X 轴衰减"接"扫描"，"整步选择"接"内 +"或"内 −"，即内部同步。这样，在荧光屏上就能出现无规则的不稳定的波形。

调节"Y 轴增幅"和"Y 轴衰减"以及"Y 轴位移"；调节"X 轴位移"和"扫描范围"，使得波形大小和位置适中，并出现 2 ~ 3 个完整波形。此时，波形可能"走动"；调节"整步调节"和"扫描微调"就能使波形稳定下来。

以上是粗调示波器的几个重要步骤。为了使显示的波形清晰、稳定和幅度适中，再重新仔细调节示波器各旋钮，边调边观察，反复练习后就能比较熟练地掌握用示波器观察待测信号波形的方法。

2. 电压测量

用示波器不仅能测量直流电压，还能测量交流电压和非正弦波的电压。它采用比较测量的方法，即用已知电压幅度波形将示波器的垂直方向分度，然后将信号电压输入，进行比较，

如图 2-5-4 所示。图中的方波幅度假定为 10 V，占据了 4 个分度，因此每分度表示 2.5 V，即 2.5 V/div。如果待测的正弦波其峰-峰值（U_{P-P}）为 2.0 div，则峰-峰电压 $U_{P-P}=5.0\ \text{V}$，所以它的有效值按公式 $U=\dfrac{0.71\times U_{P-P}}{2}$ 就可以计算出来。如果将待测信号衰减 1/10，显然 U_{P-P} 值只有 0.5 V，测量精度降低了；如果放大至 10 倍就不可能测量到它的峰-峰值。如果待测信号较大，衰减至 1/10 后，显示的波形还占了 3 个分度，则待测信号的峰-峰值为

$$U_{P-P}=2.5\ \text{V/div}\times10\times3.0\ \text{div}=75\ (\text{V})$$

注意：在测量电压幅度时不能调节"增益"旋钮，因为用已知电压分度时，通过"增益"调节 Y 轴的放大倍数已经确定，即灵敏度已定，若再调节"增益"旋钮时，灵敏度就会发生变化，以致计算出来的幅度不正确，因此测量时只能改变衰减的倍数，不能调节"增益"旋钮。通常示波器的最高灵敏度为 10 mV/div。

3. 测量频率或周期

用示波器测量频率或周期必须知道 X 轴的扫描速率，即 X 方向每分度相当于多少秒或者微秒。假定图 2-5-4 所示的 X 扫描速率为 10 ms/div，则方波的周期 2.0 div 相当于 20 ms，而正弦波的周期为

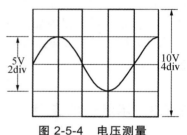

图 2-5-4　电压测量

$$4.0\ \text{div}\times10\ \text{ms/div}=40\ (\text{ms})$$

因此，频率 $f=\dfrac{1}{40\ \text{ms}}=25\ \text{Hz}$ 就可计算出来。

注意：当显示波形的个数较多时，周期可根据测量几个周期的时间除以 n 来计算，以保证周期有较高的精度。

因为稳定的标准频率容易得到，示波器判别合成的波形（李萨如图形）非常直观、灵敏和准确，所以测频率时都要用到它，在复杂信号的频谱分析中也要用到它。测量线路如图 2-5-5 所示，图中待测频率接在 Y 输入端，已知频率为 f_x 的信号作为标准正弦信号接在 X 输入端，如果出现如图 2-5-6 所示的波形，则

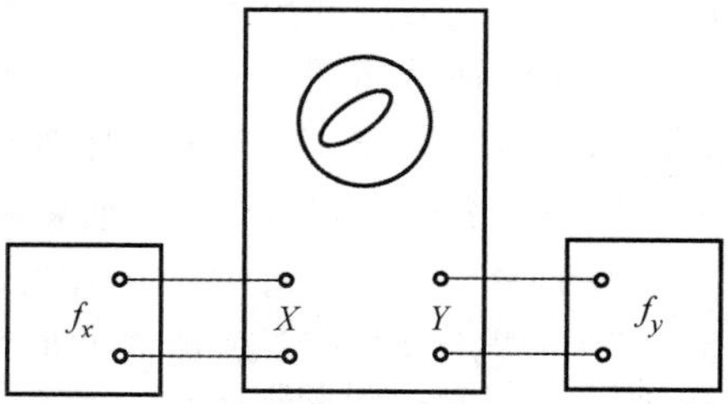

$$f_y=nf_x$$

① $f_y=f_x$

② $f_y=\dfrac{1}{2}f_x$

③ $f_y=\dfrac{1}{3}f_x$

图 2-5-5　示波器测量连接

从李萨如图形 X 轴 Y 轴上的切点数，可知比值 f_y/f_x，一般的计算公式为

$$\frac{f_y}{f_x}=\frac{与 X 轴的切点数 N_x}{与 Y 轴的切点数 N_y}\qquad\qquad（2\text{-}5\text{-}2）$$

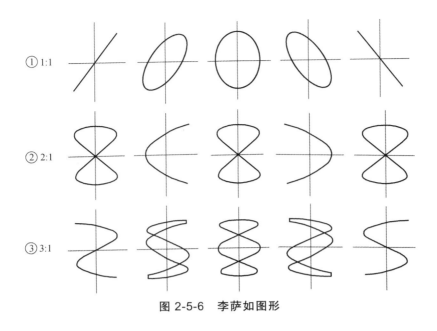

图 2-5-6　李萨如图形

2.6　UJ24 型高电势直流电位差计

此仪器的测量上限为 1.611 10 V，最小分度为 0.000 01 V，准确度等级为 0.02，工作电流为 0.1 mA。其面板如图 2-6-1 所示。

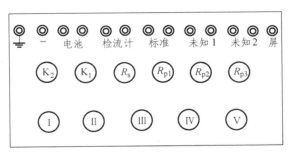

图 2-6-1　UJ24 型电位差计面板

R_{p1}、R_{p2}、R_{p3} 为调节工作电流的限流电阻（粗、中、细），转动 R_s，可给出室温时标准电池的电动势，即调整校准电阻。

Ⅰ、Ⅱ、Ⅲ、Ⅳ、Ⅴ 为测量部分。

K_1 为测量转换开关，指"标准"，即和标准电池相比以校准工作电流；指"未知1"或"未知2"，即测量由端钮"未知1"或"未知2"接入的电压。

K_2 为检流计开关，分为"细""中""粗""短路""输出"等五挡，使用时按粗、中、细使用，"短路"可用于控制检流计的摆动，指"输出"挡时检流计短路，在"未知"端钮输出与测量盘示值相等的电势，两挡之间为"断"，它将检流计与测量电路断开，不测量时应转到"断"的位置。

2.7 分光计

本书以 JJY 型 1′分光计为例介绍其结构和调整方法。其外形结构如图 2-7-1 所示，它包括 4 个主要部分：① 平行光管；② 望远镜（可与圆周刻度盘同轴转动）；③ 载物台（可与游标盘同轴转动）；④ 度盘读数装置。这 4 部分中平行光管是固定的，另外 3 部分均可围绕一个公共轴——分光计主轴转动。

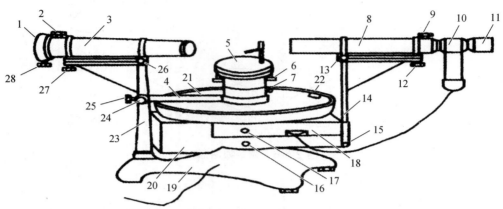

1—狭缝装置；2—狭缝装置锁紧螺钉；3—平行光管部件；4—制动架（一）；5—载物台；6—载物台调平螺钉（3 只）；7—载物台锁紧螺钉；8—望远镜部件；9—目镜锁紧螺钉；10—目镜；11—目镜视度调节手轮；12—望远镜光轴高低调节螺钉；13—望远镜光轴水平调节锁钉；14—支臂；15—望远镜微调螺钉；16—转座与度盘止动螺钉；17—望远镜止动螺钉；18—制动架（二）；19—底座；20—转座；21—度盘；22—游标盘；23—立柱；24—游标盘微调螺钉；25—游标盘止动螺钉；26—平行光管光轴水平调节螺钉；27—平行光管光轴高低调节螺钉；28—狭缝宽度调节手轮。

图 2-7-1　JJY 型 1′分光计

下面分别介绍这 4 个部分的结构和调节方法：

1. 平行光管

平行光管是一个柱形圆筒，在筒的一端装有一个可伸缩的套筒。套筒末端有一狭缝装置（1），可以改变缝宽。平行光管另一端有一个消色差会聚透镜（即物镜）。伸缩狭缝套筒可以改变狭缝与物镜之间的距离。当狭缝位于物镜焦平面时，外来光源通过狭缝射出的光，经过物镜后便成为平行光。套筒的位置由锁紧螺钉（2）固定。

立柱（23）固定在底座上，平行光管（3）安装在立柱上，平行光管的光轴位置可以通过立柱上的调节螺钉（26、27）来进行微调，平行光管带有一狭缝装置（可沿光轴移动和转动，狭缝宽度可以调节）。

2. 望远镜

望远镜（8）安装在支臂（14）上，支臂与转座（20）固定在一起，并套在度盘上。当松开止动螺钉（16）时，转座与度盘可以相对转动，当旋紧止动螺钉时，转座与度盘一起旋转。旋转制动架（二）（18）与底座上的止动螺钉（17）时，借助制动架（二）末端上的调节螺钉（15）可以对望远镜进行微调（旋转）。与平行光管一样，望远镜系统的光轴位置，也可以通过调节螺钉（12、13）进行微调。望远镜系统的目镜（10）可以沿光轴移动和转动，目镜的视度可以调节。

望远镜的物镜 L_0 和一般望远镜一样为消色差物镜，但目镜 L_e 的结构有些不同，常用的是阿贝式目镜[其结构和目镜中的视场如图 2-7-2（a）所示]和高斯目镜[其结构和目镜中的视场如图 2-7-2（b）所示]。

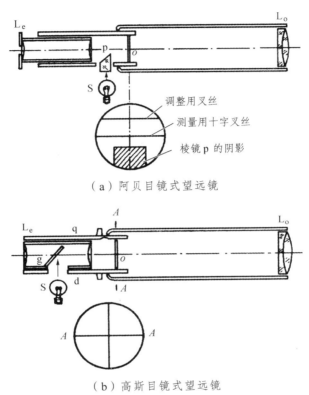

（a）阿贝目镜式望远镜

（b）高斯目镜式望远镜

图 2-7-2　望远镜

3. 载物台

包括 3 个部分：载物台、圆盘刻度盘和转轴。（1）载物台：载物台（5）套在游标盘上，可以绕中心轴旋转，旋紧载物台锁紧螺钉（7）和制动架（一）（4）与游标盘的止动螺钉（25）时，借助立柱上的调节螺钉（24）可以对载物台进行微调（旋转）。放松载物台锁紧螺钉时，载物台可以根据需要升高或降低。调到所需位置后，再把锁紧螺钉旋紧。载物台有 3 个调平螺钉（6）用来调节使载物台面与旋转中心线垂直。

（2）圆盘刻度盘：在底座（19）的中央固定一中心轴，度盘（21）和游标盘（22）套在中心轴上，可以绕中心轴转动。度盘下端有一推力轴承支撑，使旋转轻便灵活。度盘上刻有720 等分的刻线，每一格的格值为 30′，对称方向设有两个游标读数装置。测量时，读出两个读数值，然后取平均值，这样可以消除偏心引起的误差。

（3）转轴：无调节要求。

4. 度盘读数装置

在垂直于分光计主轴的平面安置了一个 360 刻度的圆盘刻度盘和一对左、右对称的游标盘，它们均可以绕分光计的主轴旋转。度盘能与望远镜一起共轴转动，整个圆周刻有 720 等分的刻线，格值 30′。每个游标在 14°30′的圆弧上等分刻有 30 个刻线（游标 30 格与圆盘刻度盘 29 格相等），格值为 29′。按照游标读数原理，当度盘和游标盘重叠时，每一对准刻线值为 1′（为什么？）

角度值的读数方法以游标盘的零线为准，先读出圆盘刻度值和分值 A（每格 30′），再找到游标上与度盘上刚好重合的刻线，读出游标上的分值 B（每格 1′），将两次读数相加，即为角度的读数值，如图 2-7-3 所示，$A = 167°$，$B = 11′$，$\theta = A + B = 167°11′$。

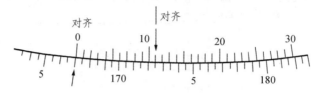

图 2-7-3　读数

2.8　迈克尔逊干涉仪

迈克尔逊干涉仪的结构如图 2-8-1 所示。它是由一套精密的机械传动系统和 4 片精密磨制的光学镜片装在一个很重的底座上组成的。

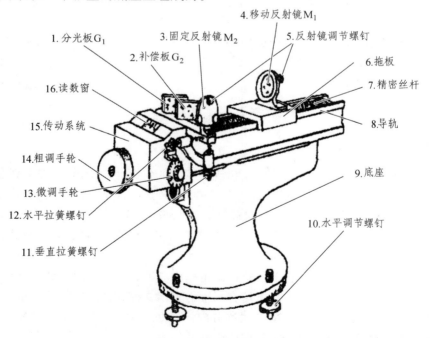

图 2-8-1　迈克尔逊干涉仪

G_1 和 G_2 是两块厚度相同的平行平面玻璃板，它们的镜面与导轨中线成 45°角，其中 G_1 称为分光板，它的一面喷镀有一定厚度的铝膜，使照射上的光线一半透射一半反射。G_2 称为补偿板。

M_1 和 M_2 是两个平面反射镜。M_2 是固定在仪器上的，称为固定反射镜。M_1 装在仪器导轨的拖板上，它的镜面法线沿着导轨的中心线，拖板由一精密丝杠带动可沿导轨前后移动，所以 M_1 镜称为移动反射镜。确定 M_1 镜的位置有 3 个读数尺：主尺是一个毫米刻度尺，装在导轨的侧面，由拖板上的标志线指示毫米以上的读数；毫米以下的读数由两套螺旋测微装置示出，第一套螺旋测微装置是直接固定于丝杠上的圆刻度盘，在圆周上分成 100 个刻度，从传动系统防尘罩上的读数窗口可以看到，刻度盘每转动一个分度，M_1 镜移动 0.01 mm；传动系统防尘罩的右侧有一个微动手轮，手轮上也附有一个百分度的刻度盘，微动手轮每转一个分度，M_1 镜仅移动 0.000 1 mm（即 0.1 μm），也就是说微动手轮旋转一整圈，读数窗口里的刻度盘转一个分度，微动手轮转 100 圈，读数窗口里的刻度盘转一整圈，这时拖板带动反射镜 M_1 移动了 1 mm。由这套传动系统可把动镜位置读准到万分之一毫米，估计到十万分之一毫米。反射镜 M_1 和 M_2 的镜架背面各有 3 个调节螺丝，用来调节反射镜面法向的方位。为了便于更仔细地调节固定反射镜 M_2 镜面法线的方位，把 M_2 镜装在一个与仪器底座固定的悬臂杆上，杆端系有两个张紧的弹簧，弹簧的松紧可由水平拉簧螺丝和垂直拉簧螺丝调整，从而达到极精细地改变 M_2 镜方位的目的。整个仪器的水平由底座上的 3 个水平调节螺丝调整。

迈克尔逊干涉仪是凭借干涉条纹来精确地测定长度或长度变化的一种精密光学仪器。其特点是用分振幅的方法产生双光束而实现干涉的，迈克尔逊干涉仪光路如图 2-8-2 所示。从光源 S 发出的一束光射到分光板 G_1 上时，被分光板 G_1 的半透膜分成两束，反射的一束射向反射镜 M_1，透射的一束射向反射镜 M_2；当入射光束以 45°角射向 G_1 且当反射镜 M_1、M_2 被调得相互垂直时，由 M_1、M_2 反射回来的光再回到 G_1 的半反射膜上，又重新会集成一束光，由于反射光（1）和透射光（2）均来自光源的同一点，为两相干光束，因此，可在 E 方向观察到干涉条纹。而 G_2 补偿了反射光（1）和透射光（2）之间的附加光程差，故 G_2 称为补偿板。

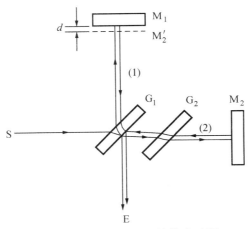

图 2-8-2　迈克尔逊干涉仪光路图

由于分光板的第二个面是半反射（半透射）膜，使得 M_2 在 M_1 附近形成一虚像 M_2'，因此光自 M_1 和 M_2 的反射，相当于自 M_1 和 M_2' 的反射。由此可见，光在迈克尔逊干涉中所产生

的干涉与厚度为 d 的空气膜所产生的干涉是等效的。

当 M_1 和 M'_2 平行时（即 $M_1 \perp M_2$）相当于平行平面空气膜产生的等倾干涉，观察到的是一组同心圆环干涉条纹；当 M_1 和 M'_2 成很小交角时，则相当于楔形空气膜产生的等厚干涉，所观察到的是一列直线干涉条纹。

2.9 焦利氏秤简介

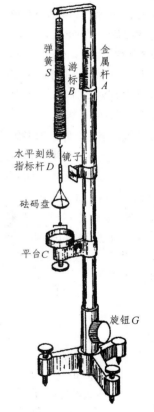

焦利氏秤的构造如图 2-9-1 所示，它实际上是一种用于测量微小力的精细弹簧秤。一金属套管垂直竖立在三脚底座上，调节底座上的螺丝，可使金属套管处于垂直状态。带有毫米标尺的圆柱金属杆 A 套在金属套管内。在金属套管的上端固定有游标 B，圆柱金属杆 A 顶端伸出的支臂上挂一锥形弹簧（或柱形弹簧）S。转动旋钮 G 可使圆柱金属杆 A 上下移动，因而也就调节了弹簧 S 的升降。弹簧上升或下降的距离由主尺（圆柱金属杆 A）和游标 B 来确定。

在金属杆 A 上一侧固定一个刻有刻线的玻璃圆筒，在弹簧 S 的下端连接一个两头带钩的小平面镜，镜面上有一刻线。实验时，使玻璃圆筒上的刻线、小平面镜上的刻线、玻璃圆筒上的刻线在小平面镜中的像，三者始终重合，简称"三线对齐"。用这种方法可保证弹簧下端的位置是固定的，弹簧的伸长量可由主尺和游标定出来（即伸长前后两次读数之差值），一般的弹簧秤都是弹簧秤上端固定，在下端加负载后向下伸长，而焦利氏秤与之相反，它是控制弹簧下端的位置保持一定，加负载后向上拉动弹簧确定伸长值。C 为一平台，转动其下端的螺钉时平台 C 可升降但不转动。

设在力 F 作用下弹簧伸长 Δl，根据胡克定律可知，在弹性限度内，弹簧的伸长量 Δl 与所加的外力 F 成正比，即

$$F = k\Delta l$$

式中，k 是弹簧的劲度系数。对于一个特定的弹簧，k 值是一定的。如果将已知质量的砝码加在砝码盘中，测出弹簧的伸长量，由上式即可计算该弹簧的 k 值，这一步骤称为焦利氏秤的校准。焦利氏秤校准后，只要测出弹簧的伸长量，就可计算出作用于弹簧上的外力 F。

图 2-9-1 焦利氏秤装置图

第 3 章　基础性实验

基础性实验是大学物理实验的基础，做好基础性实验对整个课程的学习至关重要。只有通过严格训练，才能打好基础，基础性实验的基础训练主要反映在以下几个方面。

第一，熟悉长度、质量、时间、电流、电压、电阻、温度、比热容、折射率等基本物理量。常用的测量仪器有游标卡尺、螺旋测微器、读数显微镜、天平、秒表、数字毫秒计、温度计、量热器、示波器、电位差计、惠斯通电桥、透镜、光具座、干涉仪等。本章将学习基本物理量的测量方法，正确地掌握基本仪器的使用，并且能够根据测量要求选用合适的仪器和测量方法。

第二，掌握有效数字的概念、数据的记录和计算、测量值的不确定度估算、实验结果的正确表达以及图线绘制等一系列数据处理方法。只有结合实验内容，通过多次实践才能逐步地掌握和运用这些知识。

第三，掌握实验装置的调整和操作、实验条件的控制、现象的观察与测量、故障的分析与排除等等。在基础性实验里有着丰富的训练内容，通过实验有助于经验的积累和实验技能的提高。

第四，通过亲自体验实验的全过程：预习与准备—做实验—撰写实验报告，初步掌握做好物理实验的技能技巧，为今后的实验课打下良好的基础。

实验 1　长度测量

【实验目的】

（1）掌握测量长度的几种常用仪器的使用；
（2）掌握计算不确定度的基本方法；
（3）基本掌握利用测量不确定度对实验结果进行评价的方法。

【实验仪器】

游标卡尺、螺旋测微计（千分尺）、移测显微镜、被测物（滚珠、圆柱体、金属丝）。

【实验内容】（要求每一步重复测量 10 次）

（1）测量滚珠的直径和体积（螺旋测微计），并计算其不确定度；

（2）测量圆柱体的高度、直径和体积（游标卡尺），并计算其不确定度；

（3）测量金属丝的外直径（读数显微镜），并计算其不确定度。

【思考题】

1. 用游标卡尺、螺旋测微计测量长度时，怎样读出毫米以下的数值？

2. 使用螺旋测微计时应注意什么？

3. 什么是读数显微镜的回程误差？使用时怎样防止？

4. 有一铜丝的直径约为 5 mm，用什么仪器测量可使结果的有效数字为 4 位？

5. 已知一游标卡尺的游标刻度有 50 个，用它来测得某物体的长度为 5.428 cm，在主尺上的读数是多少？通过游标的读数是多少？游标上的哪一刻线与主尺上的某一刻线对齐？

实验 2　密度的测量

【实验目的】

（1）掌握物理天平的调整和使用方法；

（2）掌握物质密度的两种测量方法——静力称衡法和比重瓶法；

（3）用不确定度方法分析测量结果。

【实验仪器】

物理天平、烧杯、比重瓶、温度计、待测固体（金属块、玻璃块、铅粒等）、待测液体（盐水、乙醇等）。

【实验原理】

若一物体的质量为 m，体积为 V，则其密度为

$$\rho = \frac{m}{V} \tag{3-2-1}$$

可见，通过测定物体的质量 m 和体积 V，就可以求出组成该物体的物质的密度 ρ。物体的质量 m 可用物理天平称量，而物体的体积 V 可以根据实际情况，采用不同的测量方法。

1. 静力称衡法测量物体的密度

1）能沉于水中的固体密度的测量

所谓静力称衡法，就是先称出待测物体在空气中的质量 m_1，然后将物体浸没在水中，称出其在水中的质量 m_2，则物体在水中受到的浮力为

$$F_{浮} = (m_1 - m_2)g \tag{3-2-2}$$

根据阿基米德原理，浸没在液体中的物体受到的浮力大小等于物体排开的液体的重量，即

$$F_{浮} = (m_1 - m_2)g = \rho_0 g V_{排} = \rho_0 g V \qquad (3\text{-}2\text{-}3)$$

式中，ρ_0 为液体（本实验为纯水）的密度，V 为物体的体积（全部浸入）。

联解式（3-2-2）和式（3-2-3）可得

$$V = \frac{m_1 - m_2}{\rho_0} \qquad (3\text{-}2\text{-}4)$$

则该物体的密度为

$$\rho = \frac{m_1}{V} = \rho_0 \frac{m_1}{m_1 - m_2} \qquad (3\text{-}2\text{-}5)$$

2）液体密度的测定

先称出金属块在空气中的质量 m_1，再称出金属块浸没在待测液体中的质量 m_2，以及金属块浸没在纯水中的质量 m_3，则金属块在待测液体中

$$(m_1 - m_2)g = F_{浮} = \rho g V_{排} = \rho g V \quad （全部浸入） \qquad (3\text{-}2\text{-}6)$$

金属块在纯水中

$$(m_1 - m_3)g = F_{浮} = \rho_0 g V_{排} = \rho_0 g V \quad （全部浸入） \qquad (3\text{-}2\text{-}7)$$

式（3-2-6）与（3-2-7）相比，可得待测液体的密度为

$$\rho = \rho_0 \frac{m_1 - m_2}{m_1 - m_3} \qquad (3\text{-}2\text{-}8)$$

式（3-2-8）中，ρ_0 为纯水的密度。

2. 比重瓶法测量物体的密度

1）液体密度的测定

在一定温度下比重瓶的容积是一定的，如果将液体注入比重瓶中，将毛玻璃塞由上而下自由塞紧，多余的液体将从玻璃塞中心的毛细管溢出，瓶中液体的体积保持一定。

比重瓶的体积可通过注入纯水，由天平称出其质量算出。若称得空比重瓶的质量为 m_1，瓶中注满纯水后称得的质量为 m_2，则比重瓶的体积为

$$V = V_{水} = \frac{m_水}{\rho_0} = \frac{m_2 - m_1}{\rho_0} \qquad (3\text{-}2\text{-}9)$$

如果将密度为 ρ 的待测液体（如盐水）注入比重瓶，称得其总质量为 m_3，则有

$$V = V_{液} = \frac{m_液}{\rho} = \frac{m_3 - m_1}{\rho} \qquad (3\text{-}2\text{-}10)$$

联解式（3-2-9）和式（3-2-10），可得待测液体（盐水）的密度为

$$\rho = \rho_0 \frac{m_3 - m_1}{m_2 - m_1} \qquad (3\text{-}2\text{-}11)$$

2）颗粒状固体密度的测定

对于不规则的颗粒状固体，可采用比重瓶法测定其密度。实验时，将比重瓶内盛满纯水，用天平称量出瓶和水的总质量 m_1 ，称出颗粒状固体的质量 m_2 ，在装满水的瓶内投入颗粒状固体后的总质量为 m_3 ，则被颗粒状固体从比重瓶中排出的水的质量为

$$m = m_1 + m_2 - m_3 \qquad\qquad (3\text{-}2\text{-}12)$$

而排出的水的体积就是质量为 m_2 的颗粒状固体的体积，即

$$V = V_{排} = \frac{m}{\rho_0} = \frac{m_1 + m_2 - m_3}{\rho_0} \qquad\qquad (3\text{-}2\text{-}13)$$

所以，待测颗粒状固体的密度为

$$\rho = \frac{m_2}{V} = \rho_0 \frac{m_2}{m_1 + m_2 - m_3} \qquad\qquad (3\text{-}2\text{-}14)$$

【实验内容】

（1）物理天平的调节：
① 调节水平；② 调节零点；③ 练习使用方法。
（2）静力称衡法测量金属块、自制盐水的密度（步骤自定）；
（3）比重瓶法测定沙粒、盐水的密度（步骤自定）。

【思考题】

1. 使用物理天平应注意哪些方面？怎样消除天平不等臂而造成的系统误差？
2. 设计一个用静力称衡法测量浮于液体中的固体密度的实验方案。
3. 以下情况会使测量结果偏大还是偏小？
（1）称空比重瓶的质量时，瓶内没烘干；
（2）称瓶和水的总质量时，比重瓶的外壁有水；
（3）称瓶和盐水的总质量时，用手握了瓶。

实验 3　单　摆

【实验目的】

（1）掌握停表和米尺的使用，测定单摆的周期和摆长；
（2）研究周期 T 与单摆摆长 l 之间的关系；
（3）测定当地重力加速度的值。

【实验仪器】

单摆、秒表（或周期测定仪）、钢卷尺（或米尺）、游标卡尺。

【实验原理】

用一根不可伸长的轻线悬挂一小球，做幅角 θ 很小的摆动就是一单摆，如图 3-3-1 所示。

设小球的质量为 m，其质心到摆的支点 O 的距离为 l（摆长）。作用在小球上的切向力的大小为 $mg\sin\theta$，它总指向平衡位置 O' 点，按照牛顿第二定律，质点的运动方程为

$$ma_{切} = -mg\sin\theta$$

即

$$ml\frac{\mathrm{d}^2\theta}{\mathrm{d}t^2} = -mg\sin\theta \qquad （3-3-1）$$

变形得

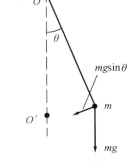

图 3-3-1　单摆

$$\frac{\mathrm{d}^2\theta}{\mathrm{d}t^2} + \frac{g}{l}\sin\theta = 0 \qquad （3-3-2）$$

当 $\theta \to 0$ 时，$\sin\theta \to \theta$，并令 $\omega^2 = \frac{g}{l}$，则式（3-3-2）变为

$$\frac{\mathrm{d}^2\theta}{\mathrm{d}t^2} + \omega^2\theta = 0 \qquad （3-3-3）$$

式（3-3-3）为标准的简谐振动方程。其中 ω 叫作圆频率，它与周期的关系是：$\omega = \frac{2\pi}{T}$，所以振动周期为

$$T = 2\pi\sqrt{\frac{l}{g}} \qquad （3-3-4）$$

式（3-3-4）中，g 为当地的重力加速度，变形得

$$g = \frac{4\pi^2 l}{T^2} \qquad （3-3-5）$$

可见，通过测量摆长 l 和周期 T，就可以计算当地的重力加速度 g。

实验时，测量一个周期的相对误差较大，一般是测量连续摆动 n 个周期的时间 t，则

$$g = 4\pi^2 \frac{n^2 l}{t^2} \qquad （3-3-6）$$

【实验内容】

（1）研究周期 T 与单摆摆长 l 之间的关系，并测定重力加速度 g

① 用游标卡尺测量摆球的直径 d，测量 3 次，取平均值；

② 用秒表（或周期测定仪）测定单摆摆动 50 次的时间 t，求出周期 T；

③ 取细线约 1 m 长，用钢卷尺测量摆线长 x，并求出对应的摆长 l；

④ 取不同摆长（每次可改变 10 cm），拉开摆球，让其在摆角 $\theta<5°$ 的情况下自由摆动，测出小球摆动 50 个周期的时间 t，求出相应的周期。

在坐标纸上作 T^2-l 图，观察 T^2 与 l 的图线是否为一直线。若为一直线，表明 T^2 与 l 成线性关系，并利用此图线得到当地的重力加速度。

（2）测定当地的重力加速度 g。

对同一摆长为 l 的单摆（要求：摆线长和摆球直径各测量 5 次），测量在 $\theta<5°$ 的情况下，连续摆动 50 次的时间 t，重复测量 5 次，计算 g 的值和它的不确定度 $u(g)$。

【提示】

（1）摆长 l 应是摆线长加上小球的半径。

（2）球的振幅小于摆长的 $\dfrac{1}{12}$ 时，$\theta<5°$。

（3）必须保证摆球在竖直面内摆动，防止形成锥摆。

（4）为了防止数错 n 值，应在计时开始时数"零"，以后每过一个周期，数 1，2，…，n。

实验 4　气垫导轨的使用

【实验目的】

（1）掌握气垫导轨和光电计时系统的使用；
（2）掌握测量速度和加速度的方法；
（3）验证牛顿第二定律。

【实验仪器】

气垫导轨及附件、气源、光电计时系统、小砝码及砝码盘、游标卡尺。

【实验原理】

1. 匀速直线运动

在气垫导轨上安装两个光电门，并与光电计时系统接通。滑块漂浮在水平放置的气轨上，在滑块上装一窄的 U 形挡光片，当任一光电门的光被挡住时，光电计时系统开始计时；当光线再一次被挡住时，光电计时系统停止计时。测出挡光片的宽度 Δx，根据光电计时系统显示的时间间隔 Δt，就可以计算出滑块通过光电门时的平均速度

$$\overline{v}=\frac{\Delta x}{\Delta t} \tag{3-4-1}$$

只要 Δx 取得很小，平均速度就可以近似地认为是滑块通过光电门的瞬时速度。若滑块做匀速直线运动，则式（3-4-1）表示的平均速度就为滑块的瞬时速度。

2. 匀加速直线运动

如果滑块在水平方向上受一恒力作用，则它将作匀加速直线运动。根据匀加速直线运动的规律，加速度的公式为

$$a = \frac{v_2^2 - v_1^2}{2S} \qquad (3\text{-}4\text{-}2)$$

式中，v_1、v_2 分别为滑块通过光电门 1 和光电门 2 的速度，S 为两个光电门之间的距离。

将式（3-4-1）代入式（3-4-2）即得做匀加速直线运动的物体的加速度

$$a = \frac{\Delta x^2}{2S}\left(\frac{1}{\Delta t_2^2} - \frac{1}{\Delta t_1^2}\right) \qquad (3\text{-}4\text{-}3)$$

式（3-4-3）中，Δx 为光电门上的挡光宽度。

3. 验证牛顿第二定律

将系有砝码盘及砝码的细线跨过气轨滑轮与滑块相连接，如图 3-4-1 所示。在略去摩擦力、不计滑轮和线的质量、线不伸长的条件下，根据牛顿第二定律，则有

$$m_2 g - T = m_2 a \qquad (3\text{-}4\text{-}4)$$

$$T = m_1 a \qquad (3\text{-}4\text{-}5)$$

式中，m_1 为滑块的质量；m_2 为砝码盘的质量 m_0 和砝码的总质量；T 为细线的张力；a 为物体的加速度；g 为当地的重力加速度。

联解式（3-4-4）和式（3-4-5），可得

$$m_2 g = (m_1 + m_2) a$$

令 $F = m_2 g$，$M = m_1 + m_2$，则有

$$F = Ma \qquad (3\text{-}4\text{-}6)$$

式中，F 为合外力，即砝码盘（m_0）和砝码的总重力；M 为系统的总质量，即滑块的质量 m_1、砝码盘的质量 m_0 和砝码的质量之和；a 为物体的加速度。

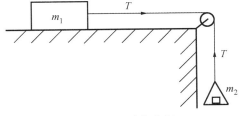

图 3-4-1　受力分析

本实验就是在气垫导轨上，测量物体在不同外力作用下运动系统的加速度，检验二者之间是否符合式（3-4-6）的关系。

运动系统的合外力 F 由天平称量其质量而求得，物体的加速度 a 由式（3-4-3）求得。

【实验内容】

（1）检查光电计时系统是否正常工作。

（2）气垫导轨的水平调节。

设定两个光电门之间的距离为 50.00 cm。气垫导轨的水平调节主要是通过 3 个底脚螺钉来实现。接通气源，调好数字毫秒计，轻轻推动滑块，使滑块依次通过两个光电门，从数字毫秒计上先后读出时间 Δt_1 和 Δt_2，如果 Δt_1 和 Δt_2 相差不超过千分之几秒，即 Δt_1 和 Δt_2 近似相等，这就可以认为气垫导轨的水平基本调好；否则，要仔细调节底脚螺钉，直到达到要求为止。

（3）速度的测量。

气垫导轨调平后，轻轻推动滑块，分别使滑块向左、向右方向运动，记下滑块挡光片经过两个光电门时，光电计时系统显示的时间 Δt_1 和 Δt_2，重复两次。用读数显微镜测出挡光片的宽度 Δx 或由实验室直接给出，由式（3-4-1）计算出速度 v_1、v_2，并记录。

（4）加速度的测量。

气垫导轨调平后，将系有砝码盘及砝码的细线跨过气轨滑轮与滑块相连接，如图 3-4-1 所示。在砝码盘中加入一定质量（如 5 g）的砝码，将滑块移至远离气轨滑轮的一端（每次实验都要将滑块放在同一起始位置），静止释放滑块后，测出通过两个光电门的时间 Δt_1 和 Δt_2，重复两次。

从气垫导轨的标尺上读出两个光电门之间的距离 S，用读数显微镜测出挡光片的宽度 Δx，由式（3-4-3）计算加速度的值，求出加速度的平均值 $\bar{a}$，并与由公式 $m_2 g = (m_1 + m_2) a$ 计算所得的加速度 $a_{计}$ 比较，并记录。

（5）验证牛顿第二定律。

① 用天平称量出砝码盘和滑块的质量 m_0、m_1。

② 气垫导轨调平后，按图 3-4-1 所示，在滑块上加 3 个小砝码（小砝码的质量分别为 15 g，10 g 和 5 g）（为什么？）。将滑块移至远离气轨滑轮的一端（每次实验都要将滑块放在同一起始位置），静止释放滑块后，测出通过两个光电门的时间 Δt_1 和 Δt_2，重复两次。

③ 分 5 次，每次从滑块上将 5 g 的砝码移至砝码盘，重复上述步骤，求出各次的加速度。

④ 计算加各种砝码时的加速度及其对应的合外力的值，作 $a - F$ 图线。验证运动系统总质量不变时，加速度与所受外力成正比。

【注意事项】

（1）实验中，滑块由静止释放时，动作一定要轻，以防止滑块左右摆动；

（2）与滑块相连的砝码盘在滑块释放时应使之静止不动；

（3）每次实验中要保证细绳在滑轮上；

（4）释放滑块时的起始位置要保持不变。

【思考题】

1. 实验中如何保证运动系统的总质量保持不变？

2. 式（3-4-6）中的质量 M 是哪些物体的质量？

3. 通过测出质量后，用牛顿第二定律算出的加速度与用式（3-4-3）算出的加速度有什么区别？

实验 5　惯性秤

【实验目的】

（1）掌握用惯性秤测定物体质量的原理和方法；

（2）了解惯性秤的定标方法。

【实验仪器】

惯性秤、周期测定仪、定标用标准质量块（共 10 块）、待测圆柱体。

【实验原理】

当弹簧秤悬臂在水平方向作微小振动时，其振动周期为

$$T = 2\pi \sqrt{\frac{m_0 + m_i}{k}} \tag{3-5-1}$$

式中，m_0 为振动体空载时的等效质量；m_i 为秤台上插入的附加质量块的质量；k 为系统的劲度系数。将式（3-5-1）两边平方，即得

$$T^2 = \frac{4\pi^2}{k} m_0 + \frac{4\pi^2}{k} m_i \tag{3-5-2}$$

式（3-5-2）表明：惯性秤水平振动的周期的平方 T^2 与附加质量 m_i 呈线性关系。当测出各已知附加质量 m_i 所对应的周期值 T_i，可作 T^2-m 直线图（见图 3-5-1）或 T-m 曲线图（见图 3-5-2），这就是该惯性秤的定标曲线，测出周期 T_j，就可以从定标曲线上查出 T_j 对应的质量 m_j，即为被测物体的质量。

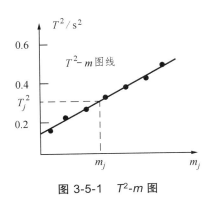

图 3-5-1　T^2-m 图

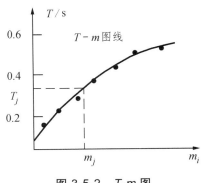

图 3-5-2　T-m 图

惯性秤称衡物体的质量，是基于牛顿第二定律，通过测量周期求得质量值；而天平称衡物体的质量，是基于万有引力定律，通过比较重力求得质量值。在失重状态下，无法用天平称衡质量，而惯性秤可照样使用，这是惯性秤的特点。

【实验内容】

1. 惯性秤的定标

惯性秤的定标就是将各已知质量块 m_i 置于秤台上，通过测量其水平振动的周期值 T_i，在坐标纸上作定标线（T^2-m 或 T-m），利用定标线就可从未知质量物体的周期值求得其质量。

使用前要将平台 C 调成水平，检查周期测试仪工作是否正常。检查标准质量块的质量是否相等，可逐一将标准质量块置于秤台上测量周期，如果各质量块的周期测定值的平均值相差不超过 1%，在此就可认为标准块的质量是相等的，并且取标准质量块的质量的平均值为此实验中的质量单位。

2. 测量待测物体的质量

将待测物体置于秤台中间的孔中，测出振动周期 T_j，根据定标曲线求出其质量 m_j。

3. 研究惯性秤的线性测量范围

T^2 与附加质量 m 保持线性关系所对应的质量变化区域称为惯性秤的线性测量范围。由式（3-5-2）可知，只有在悬臂水平方向的劲度系数保持为常数时才成立，当惯性秤上所加的质量太大，悬臂将发生弯曲，劲度系数 k 也将发生明显的变化，T^2 与 m 的线性关系自然受到破坏。

按上述分析，逐一增大附加质量块的质量，测出其对应的周期，并作相应的 T^2-m 图，检查所用惯性秤的线性测量范围。

【思考题】

1. 简要说明惯性秤称衡物体质量的特点。
2. 能否设想出其他的测量惯性质量的方案？

实验 6　金属比热容的测定

【实验目的】

（1）掌握基本的量热方法——混合法；
（2）测定金属的比热容；
（3）学习一种对系统误差的修正方法。

【实验仪器】

量热器、温度计（0.00 ~ 50.00 °C 一支，0.0 ~ 100.0 °C 一支）、物理天平、游标卡尺、停表、待测金属块、电热杯、小量筒等。

【实验原理】

1. 热平衡原理

温度不同的物体混合以后，热量将由高温物体传递给低温物体。如果在混合过程中和外界没有热交换，最后将达到均匀稳定的平衡状态，系统具有相同的温度，在这个过程中，高温物体放出的热量等于低温物体所吸收的热量，称为热平衡原理。本实验即根据热平衡原理用混合法测定固体的比热容。

比热容是反映物质吸热（或放热）本领大小的物理量，它是物质的一种属性。任何物质都有自己的比热容，即使是同种物质，由于所处物态不同，比热容也不相同。比热容是热学中的一个重要概念，它与热量、温度、质量之间的变化关系为

$$c = \frac{Q}{m \cdot \Delta T} \tag{3-6-1}$$

即，某一物质的比热容表示使 1 kg 的该物质温度升高（或降低）1 °C 所吸收（或放出）的热量。在国际单位制中，比热容的单位为 J·kg^{-1}·K^{-1}（常用的单位还有 J·kg^{-1}·°C^{-1}）。

2. 由热平衡方程求比热容

将质量为 m（kg），温度为 T_2（°C）的金属块（高温）投入量热器的水中（低温）。设量热器（包括内筒、搅拌器、温度计插入水中的部分）的热容为 C，则有

$$C = m_1 c_1 + 1.9V \tag{3-6-2}$$

式（3-6-2）中，m_1 为量热器内筒和搅拌器的总质量，其比热容为 $c_1 = c_{铜}$，水银温度计插入水中部分的热容为 $1.9V$（V 为温度计浸入水中部分的体积，单位为 cm^3）。

设水的质量为 m_0（kg），温度为 T_1（°C），水的比热容为 $c_0 = c_{水}$，待测物投入水中以后，其混合温度为 θ，若不计量热器与外界的热交换，热平衡原理将存在下列关系

$$mc(T_2 - \theta) = (m_0 c_0 + m_1 c_1 + 1.9V)(\theta - T_1) \tag{3-6-3}$$

则有

$$c = \frac{(m_0 c_0 + m_1 c_1 + 1.9V)(\theta - T_1)}{m(T_2 - \theta)} \tag{3-6-4}$$

在实验中，只要测出各部分的质量、温度计插入水中部分的体积、水和待测金属块的初温、混合后的终温，代入式（3-6-4）即可计算待测金属块的比热容。

本实验中，已知 $c_{铜} = 0.385 \times 10^3$ J·kg^{-1}·°C^{-1}，$c_{水} = 4.187 \times 10^3$ J·kg^{-1}·°C^{-1}。

3. 系统误差的修正

上述讨论[式（3-6-4）的结论]是在假定量热器与外界没有热交换的前提下所得出的结论，实际上只要有温度差异就必然会有热交换存在，因此，必须采用散热修正，以消除热散失带来的影响。本实验中热量散失的途径主要有 3 个方面：第一是加热后的物体在投入量热器水中之前（即投入途中）散失的热量，这部分热量不容易修正，操作中应尽量缩短投放时间；第二是在投下待测物体后，在混合过程中量热器由外部吸热和高于室温后向外部散失的热量（本实验中要认真修正）；第三要注意量热器内筒的外部不要有水附着（可用干布或纸擦干净），以免由于水的蒸发损失较多的热量。

消除上述第二种热量散失的方法（热量出入相互抵消的方法）如下：控制量热器的初温 T_1（即水的初温），使 T_1 低于环境温度 T_0，混合后的末温 θ 则高于环境温度 T_0，并使 $(T_0 - T_1)$ 大体上等于 $(\theta - T_0)$。

实验中，由于混合过程中量热器与环境有热交换，先是吸热，后是放热，致使由温度计读出的初温 T_1 和混合温度 θ 都与无热交换时的初温和混合温度不同，因此必须对初温 T_1 和混合温度 θ 进行修正，可用图解法进行修正，如图 3-6-1 所示。

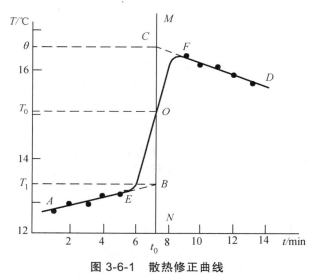

图 3-6-1　散热修正曲线

实验时，从投物前五六分钟开始测量水温，每 1 min 测量一次，并记下投物的时刻与温度，投入高温物体后（连续记时），一定要记下达到室温 T_0 的时刻 t_0，水温达到最高点后继续测量五六分钟，在图 3-6-1 中，过 t_0 作一竖直线 MN，过 T_0 作一水平线，二者交于 O 点，然后描出投物前的吸热线 AE，与 MN 交于 B 点，描出混合后的放热线 FD 与 MN 交于 C 点，混合后的实际升温线 EF 分别与 AB、CD 交于 E 和 F。因为水温达到室温前，量热器一直在吸热，所以混合过程的初温应该是与 B 点对应的温度 T_1，此值高于投物时记下的温度；同理，水温高于室温后，量热器向环境放热，所以混合后的最高温度应该是与 C 点对应的温度 θ，此值也高于温度计显示的最高温度。在图 3-6-1 中，吸热用面积 BOE 表示，散热用面积 COF 表示，当两面积相等时，说明在实验过程中，系统对环境的吸热和放热相互抵消，否则，实验将受到环境的影响。实验中，力求两面积相等。

【实验内容与步骤】

（1）用物理天平称量待测金属块的质量 m，同时记下此时的室内温度 T_0。

（2）将待测金属块吊在电热杯加热待用（80 ℃左右），注意插入的温度计要靠近待测金属块。

（3）用量热器内筒盛低于室温的冷水，用物理天平设法称量出水的质量 m_0（内筒盛水时的总质量减去空内筒的质量）和量热器内筒和搅拌器的总质量 m_1。

（4）测量量热器内筒中的水温并记录时间，每 1 min 测量一次，连续测下去（测量 5 ~ 6 min）。

（5）将加热后的金属块（电热杯中）敏捷地放入量热器中，并记录此时电热杯中水的温度，即为高温金属块的温度 T_2，同时记录金属块放入量热器中的那一时刻（一定要与前面连续计时）。

（6）用搅拌器轻轻搅拌，并观察温度计的示值，每 1 min 测量一次，连续测下去（测量 5 ~ 6 min），期间一定要观察并记录混合温度在上升过程中达到室温 T_0 的时刻 t_0（用来作竖直线 MN 用）。

（7）设法测出温度计插入水中部分的长度，进而求出温度计浸入水中部分的体积 V（cm^3）。

（8）用坐标纸按图 3-6-1 绘制 T-t 图，求出混合前的初温 T_1 和混合温度 θ（修正后的值）。

（9）将上述各测量值代入式（3-6-4），计算被测金属块的比热容和相对误差。

【注意事项】

（1）温度计容易破碎，在揭开和盖上绝热盖时，都要先把温度计妥善放好。

（2）混合过程中，量热器中温度计的位置要适中，不要使它靠近放入的高温金属块，因为未混合好的局部温度可能很高。

（3）水的初温 T_1 不宜比室温 T_0 低得过多，温度差控制在 2 ~ 3 ℃即可。

（4）搅拌时不要过快，以防止有水溅出。

（5）实验时应擦干量热器的外筒壁。

（6）整个实验过程（记录温度变化的过程）中时间的记录是连续的，中途不得将停表归零。

【思考题】

1. 用混合法测量比热容的理论依据是什么？

2. 本实验产生误差的主要原因有哪些？

3. 该实验完成后你有什么体会？

实验 7　液体比热容的测定

（一）用冷却法测定液体的比热容

【实验目的】

（1）用实验方法考查热学系统的冷却速率同系统与环境之间温度差的关系；

（2）用冷却法测定液体的比热容；

（3）分析比较法的优点和条件；

（4）用作图法求经验公式中直线的斜率。

【实验仪器】

测液体比热容装置（一个具有内外筒的量热器）、温度计（0.00～50.00 ℃ 一支，0.0～100.0 ℃ 一支）、物理天平、游标卡尺、停表、待测液体（自制盐水）等。

【实验原理】

1. 用实验方法考查热学系统的冷却速率同系统与环境之间温度差的关系

一个系统的温度如果高于环境温度，它就要散热；如果低于环境温度，它就要吸热。本实验就是要证明：当一个系统温度与环境温度相差不大时，系统的散热速率 $\dfrac{\mathrm{d}Q}{\mathrm{d}t}$ 同系统与环境间的温度差成正比，即牛顿冷却定律。

牛顿冷却定律用数学形式可表示为

$$\frac{\mathrm{d}Q}{\mathrm{d}t} = K(T-\theta) \tag{3-7-1}$$

或

$$\frac{\mathrm{d}T}{\mathrm{d}t} = \frac{K}{C_s}(T-\theta) \tag{3-7-2}$$

式（3-7-2）中，$\dfrac{\mathrm{d}T}{\mathrm{d}t}$ 为系统的冷却速率；K 为散热常数，与系统的表面温度、光洁度和表面面积有关；C_s 为系统的热容；T、θ 分别为系统和环境的温度。

如果我们在实验中使环境温度 θ 的变化比系统温度 T 的变化小得多，则 θ 可以认为是常数，式（3-7-2）可以改写为

$$\frac{\mathrm{d}(T-\theta)}{T-\theta} = \frac{K}{C_s}\mathrm{d}t \tag{3-7-3}$$

将式（3-7-3）两边积分得

$$\ln(T-\theta) = \frac{K}{C_s}t + b \tag{3-7-4}$$

式（3-7-4）中，b 为积分常数。

可见，将实验中测得的数据作 $\ln(T-\theta)$-t 图，如果得到一条直线，则说明在实验条件下，热学系统的冷却速率 $\dfrac{\mathrm{d}T}{\mathrm{d}t}$（或散热速率）同系统与环境间的温度差成正比。

2. 用冷却法测定液体的比热容（比较法）

分别记录水和待测液体（本实验为自制盐水）的冷却情况，有

$$\ln(T-\theta)_{水} = \frac{K'}{C_s'}t + b' \qquad\qquad (3\text{-}7\text{-}5)$$

$$\ln(T-\theta)_{液} = \frac{K''}{C_s''}t + b'' \qquad\qquad (3\text{-}7\text{-}6)$$

式中，C_s' 为盛水时系统的热容量（包括水、内筒、搅拌器和温度计浸入水中部分的热容）；C_s'' 为盛待测液体时系统的热容量，而且有

$$\left.\begin{array}{l} C_s' = m'c_0 + m_1c_1 + m_2c_2 + 1.9V' \\ C_s'' = m''c_x + m_1c_1 + m_2c_2 + 1.9V'' \end{array}\right\} \qquad\qquad (3\text{-}7\text{-}7)$$

式（3-7-7）中，m'、m'' 分别是水和待测液体的质量；m_1、c_1、m_2、c_2 分别是量热器内筒和搅拌器的质量和比热容；V'、V'' 分别是水银温度计浸入水中和待测液体中部分的体积，单位为 cm³。式中各质量的单位为 kg，比热容的单位为 J·kg⁻¹·K⁻¹。

本实验中，已知 $c_{铜} = 0.385 \times 10^3$ J·kg⁻¹·℃⁻¹，$c_{水} = 4.187 \times 10^3$ J·kg⁻¹·℃⁻¹。

如果用同一个容器装水和待测液体（体积基本上相同），并保持初始温度基本上相同，则两次冷却过程的散热常数 K 基本上相同，即 $K' = K'' = K$。令 S'、S'' 分别代表 $\ln(T-\theta)$-t 图中两条直线的斜率，即

$$S' = \frac{K}{C_s'}, \quad S'' = \frac{K}{C_s''}$$

则有

$$S'C_s' = S''C_s'' = K \qquad\qquad (3\text{-}7\text{-}8)$$

式（3-7-8）中，两条直线的斜率 S'、S'' 可从 $\ln(T-\theta)$-t 图中直接求出（也可以用最小二乘法求出）。

将式（3-7-7）代入式（3-7-8）得

$$c_x = \frac{1}{m''}\left[\frac{S'C_s'}{S''} - (m_1c_1 + m_2c_2 + 1.9V'')\right] \qquad\qquad (3\text{-}7\text{-}9)$$

将实验数据代入式（3-7-9），即可求得待测液体的比热容。

【实验内容与步骤】

（1）自己配制待测液体（盐水）。

（2）取 $T-\theta < 15\,℃$ 的水和待测液体（盐水），做自然冷却实验。每隔 1 min 或 2 min 记录一次系统温度 T 和环境温度 θ，对水和待测液体各作 20 min。

（3）用坐标纸将两次实验数据作 $\ln(T-\theta)$-t 图，求出两条直线的斜率。

（4）利用物理天平称量系统中各部分的质量，用游标卡尺测量温度计浸入液体中的长度（体积）。

（5）利用式（3-7-9），计算待测液体（盐水）的比热容。

【注意事项】

（1）测量待测液体和水的初温时，应先用 0.0 ~ 100.0 ℃ 的温度计预测，只有当温度不超过 50 ℃ 时，才能换用 0.00 ~ 50.00 ℃ 的精密温度计测量。

（2）实验时，待测液体和水的初温与体积应取得大体相同。

（3）用搅拌器不停地轻轻搅拌，以使系统温度更快地达到均匀。

（4）由于水银温度计容易折断，水银泡更容易破裂，使用时应当特别小心。

【思考题】

1. 牛顿冷却定律 $\dfrac{\mathrm{d}Q}{\mathrm{d}t} = K(T-\theta)$ 或 $\dfrac{\mathrm{d}T}{\mathrm{d}t} = \dfrac{K}{C_s}(T-\theta)$ 在什么条件下成立？式中各量 K，T，θ，$\dfrac{\mathrm{d}Q}{\mathrm{d}t}$，$\dfrac{\mathrm{d}T}{\mathrm{d}t}$ 代表什么？

2. 本实验中用比较法测量比热容有什么优点？需要保证什么条件？

（二）用电流量热器法测定液体的比热容

【实验目的】

（1）用电流量热器法测定液体的比热容；

（2）分析比较测量法的优点和条件。

【实验仪器】

两只相同的电流量热器（带温度计：0 ~ 50.00 ℃）、稳压电源、安培表、变阻器、开关、导线若干、小量筒（或游标卡尺）、待测液体（自制盐水）等。

【实验原理】

液体比热容的测定，常用电流量热器法，如图 3-7-1 所示。这种方法要求对水和待测液体进行测量时具有完全相同的外界条件（环境），并且是以比热容已知的水作为比较对象，运用了实验中常用的比较测量法。因此，它们能够"消除"系统与环境热交换带来的影响，是测量液体比热容的方法之一。本实验要求熟练掌握电流量热器的使用方法，并用电流量热器测量液体的比热容。

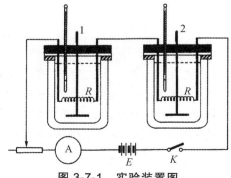

图 3-7-1　实验装置图

设在两只相同的电流量热器，分别装着质量为 m_1、m_2（kg），初始温度为 T_1、T_2（°C），比热容为 c_1、c_2（$J \cdot kg^{-1} \cdot °C^{-1}$）的两种液体，液体安置着阻值相等的电阻 R，按图 3-7-1 连接电路，然后闭合开关 K，则有电流通过电阻 R，根据焦耳-楞次定律，每只电阻产生的热量为

$$Q = I^2 R t \tag{3-7-10}$$

电阻 R 释放的热量被液体、量热器、搅拌器及温度计所吸收，结果它们的温度升高了，设加热后的温度分别为 τ_1、τ_2（°C）（包括量热器及其附件），搅拌器和温度计在内的量热器的热容量（也称水当量）分别为 W_1、W_2，则有

$$Q_1 = (m_1 c_1 + W_1) \cdot (\tau_1 - T_1) \tag{3-7-11}$$

$$Q_2 = (m_2 c_2 + W_2) \cdot (\tau_2 - T_2) \tag{3-7-12}$$

由于电阻 R 相同，且采用串联连接，故有 $Q_1 = Q_2$，即

$$(m_1 c_1 + W_1) \cdot (\tau_1 - T_1) = (m_2 c_2 + W_2) \cdot (\tau_2 - T_2) \tag{3-7-13}$$

变形得

$$c_1 = \frac{1}{m_1}\left((m_2 c_2 + W_2) \cdot \frac{\tau_2 - T_2}{\tau_1 - T_1} - W_1 \right) \tag{3-7-14}$$

其中的水当量 W_1、W_2 可以这样计算：

第一部分（铜制量热器和搅拌器）：假定测得铜制量热器和搅拌器的总质量为 m_0（以 kg 为单位），已知铜的比热容 c_0（$c_0 = 0.385 \times 10^3 \ J \cdot kg^{-1} \cdot °C^{-1}$），则它的热容量（即升高 1 °C 所吸收的热量）为 $m_0 c_0$（单位为 $J \cdot °C^{-1}$），因而该部分的水当量为 $m_0 c_0$（各量取国际单位）；

第二部分（温度计浸入水中的那一部分）：设温度计浸入液体部分的体积为 V（单位为 cm^3），已知水银的密度为 $13.6 \times 10^{-3} \ kg \cdot cm^{-3}$，比热容为 $0.139 \times 10^3 \ J \cdot kg^{-1} \cdot °C^{-1}$，则 1 cm^3 的热容量为

$$13.6 \times 10^{-3} kg \cdot cm^{-3} \times 0.139 \times 10^3 \ J \cdot kg^{-1} \cdot °C^{-1} = 1.89 \ J \cdot cm^{-3} \cdot °C^{-1}$$

而制造温度计的玻璃的密度约为 $2.5 \times 10^{-3} \ kg \cdot cm^{-3}$，比热容约为 $0.79 \times 10^3 J \cdot kg^{-1} \cdot °C^{-1}$，则 1 cm^3 的热容量为

$$2.5 \times 10^{-3} kg \cdot cm^{-3} \times 0.79 \times 10^3 \ J \cdot kg^{-1} \cdot °C^{-1} = 1.98 \ J \cdot cm^{-3} \cdot °C^{-1}$$

可见，玻璃和水银的热容量很相近。又由于在实验中温度计插入液体中部分的体积不大，其热容在测量中占次要地位，因此可以认为水银和玻璃 1 cm^3 的热容是相同的。设温度计插入液体中部分的体积为 V（单位为 cm^3），则该部分的热容量数值可近似取为：$1.9\{V\}_{cm^3}$，V 可用盛水的小量筒测量，也可以用游标卡尺测量后计算体积。

将以上两部分相加得

$$W = m_0 c_0 + 1.9\{V\}_{cm^3} \tag{3-7-15}$$

将式（3-7-15）代入式（3-7-14），得

$$c_1 = \frac{1}{m_1}\left((m_2 c_2 + m_{02} c_0 + 1.9 V_2) \cdot \frac{\tau_2 - T_2}{\tau_1 - T_1} - (m_{01} c_0 + 1.9 V_1) \right) \qquad （3\text{-}7\text{-}16）$$

【实验内容及步骤】

（1）用物理天平称出两套量热器和搅拌器的质量 m_{01}、m_{02}，待测液体的质量 m_1 和水的质量 m_2。

（2）按照图 3-7-1 连接电路，但不得接通开关 K，把 $0 \sim 50.00\ ℃$ 的温度计插入量热器中（注意不要接触到电阻 R），记下加热前的温度 T_1、T_2（$℃$）。为了以后计算水当量 W，预先记下两只温度计浸入液体部分的刻度位置。

（3）接通开关 K，即有电流通过电阻 R，此时应不断搅动搅拌器，使整个量热器内各处的温度均匀。待温度升高 $5\ ℃$ 左右，切断电源。由于热惯量，切断电源后温度还会有稍许上升，应记下上升的最高温度 τ_1、τ_2（$℃$）。

（4）根据步骤 2 记下的刻度位置，用游标卡尺测量出温度计浸入液体部分的长度 l_1、l_2 和温度计的直径 d，根据公式 $V = \frac{1}{4}\pi d^2 l$，计算出温度计浸入液体部分的体积 V_1、V_2（单位为 cm^3）。

（5）为了避免由于加热电阻 R 的阻值不同带来的误差，可把两个电阻对换，重复以上的步骤，再作一次。（注意：对调电阻时，应该用水冲洗电阻并予与吹干）

（6）将上述测量的各数据代入式（3-7-16），算出两次测得的待测液体的比热容，然后取平均值。

【注意事项】

（1）自始至终必须不断搅拌，这样才能使温度计的示数能代表系统表面的温度。
（2）温度计不能靠近加热的电阻丝，注意搅拌器、加热器、量热器内筒之间不能短路。

【思考题】

1. 如果实验过程中加热电流发生了微小的波动，是否会影响测量结果？为什么？
2. 实验过程中量热器不断向外界传递和辐射热量，这两种形式的热量损失是否会引起系统误差？为什么？
3. 用一只量热器也可以测定液体的比热容，请你设计一下这个实验应该如何做？写出必要的计算公式。与本次实验相比，不足之处在哪里？

实验 8   水的汽化热的测定

【实验目的】

（1）用混合法测定水在大气压强下沸腾时的汽化热；
（2）学习如何应用物态变化时的热交换定律来计算水的汽化热。

【实验仪器】

蒸汽发生器、滤汽器、量热器、精密温度计（或数字温度计）、量杯、物理天平。

【实验原理】

物质由液态向气态转化的过程称为汽化。在物质的自由表面上进行的汽化称为蒸发。如果液体内部的饱和气泡膨胀，以致上升到液体表面后破裂，这样的汽化过程称为沸腾。

液体温度升高到沸点后，在压强不变的条件下，再继续加热，其温度不再升高，所吸收的热量全部用于使物体由液态变成气态所需要的能量。单位质量（1 kg）的液体变成同温度的蒸汽所需要的热量，叫作该液体在此温度下的汽化热。

物质由气态向液态转化的过程称为液化。液化时要放出在同一温度下汽化时所吸收的热量。本实验就是从测量水蒸气液化时放出的热量来测定水的汽化热。

实验装置如图 3-8-1 所示，蒸汽发生器产生的水蒸气通过滤汽器进入量热器内的水中（滤汽器的作用是防止水蒸气从蒸汽发生器中出来后所带的水滴被带到量热器的水中）。设水蒸气的质量为 m，沸点的温度为 t_2，进入量热器中温度下降到 θ，而水蒸气放出的热量使量热器整体从温度 t_1 上升到 θ。在此过程中水蒸气放出的热量为：$mL + mc_0(t_2 - \theta)$，其中 L 为水在沸点时的汽化热，c_0 为水的比热容，量热器整体吸收的热量为：$(m_0c_0 + m_1c_1 + 1.9V)(\theta - t_1)$，其中 m_0 为量热器中原有水的质量，m_1 为量热器（包括搅拌器）的质量，c_1 为量热器的比热容，V 为温度计插入水中部分的体积，以 cm³ 为体积的单位。假设没有其他的热量损失，根据热平衡方程 $Q_{吸} = Q_{放}$，则有

$$(m_0c_0 + m_1c_1 + 1.9V)(\theta - t_1) = mL + mc_0(t_2 - \theta) \qquad （3-8-1）$$

即

$$L = \frac{1}{m}(m_0c_0 + m_1c_1 + 1.9V)(\theta - t_1) - c_0(t_2 - \theta) \qquad （3-8-2）$$

测量水的汽化热，要使误差小于 1% 是很困难的。误差的主要来源是：① 向量热器通蒸汽时由管道传导的热量；② 蒸汽中带来的小水滴；③ 量热器的散热。

【实验内容及步骤】

（1）擦干净铜制的量热器和搅拌器，并用天平称出其质量 m_1，然后在量热器中加入适量的冷水（约为量热器高的 $\frac{3}{4}$），再称量其总质量，求出冷水的质量 m_0，并测出冷水的温度 t_1。

（2）在蒸汽发生器中加入 $\frac{1}{3}$ 容量的水，按图 3-8-1 将仪器连接好，并加热。

（3）将水烧至沸腾，当滤汽器 B 端有大量热汽喷出时，水蒸气的温度即为水沸腾时的温度（可近似认为是 100.0 ℃，即 $t_2 = 100.0$ ℃），将滤汽器 B 端迅速插入量热器的冷水中，同时用搅拌器不

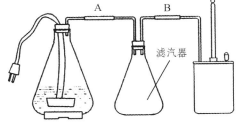

图 3-8-1　汽化热测定仪

停地轻轻搅拌，待水温升高约 10.0 ℃ 左右，切断电源，拔出插入量热器的 B 管。

（4）测出量热器内水、汽混合的温度 θ。

（5）测出温度计插入水中部分的长度，计算出体积 $V = \dfrac{1}{4}\pi d^2 l$。

（6）称出量热器和水的总质量，求出水蒸气的质量 m。

（7）按式（3-8-2）计算水的汽化热，并与理论值相比较计算其相对误差。（水的汽化热的理论值为：$L = 2.26 \times 10^6 \ \mathrm{J \cdot kg^{-1}}$）

（8）按上述步骤重复测量一次。

【思考题】

1. 实验中，滤汽器所起的作用是什么？

2. 本实验的误差来源主要有哪几个方面？

3. 在实验操作中应该注意哪些问题？谈谈你完成实验后的体会。

实验 9   制流电路与分压电路及元件伏安特性的测量

（一）制流电路与分压电路

【实验目的】

（1）了解基本仪器的性能和使用方法；

（2）掌握制流电路与分压电路两种电路的连接方法、性能和特点；

（3）熟悉电磁学实验的操作规程和安全知识。

【实验仪器】

毫安表、伏特表、直流稳压电源、滑线变阻器、电阻箱、开关、导线。

【实验原理】

1. 制流电路原理

制流电路如图 3-9-1 所示。电流调节范围

$$\frac{E}{R_z + R_0} \rightarrow \frac{E}{R_z}$$

电压调节范围

$$\frac{E}{R_z + R_0} R_z \rightarrow E$$

一般情况下负载 R_z 中的电流为

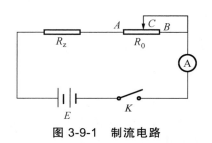

图 3-9-1　制流电路

$$I = \frac{E}{R_z + R_{AC}} = \frac{I_{max}k}{k + X}$$

$$k = \frac{R_z}{R_0}, \quad X = \frac{R_{AC}}{R_0}$$

2. 不同 k 值制流特性曲线

（1）k 越大电流调节越小。

（2）$k \geqslant 1$ 时调节的线性比较好。

（3）k 较小的时候（即 $R_0 >> R_z$），X 接近 0 时电流变化很大，细调程度比较差。

（4）不论 R_0 大小如何，负载 R_z 上通过的电流都不可能为零。

制流特性曲线如图 3-9-2 所示。

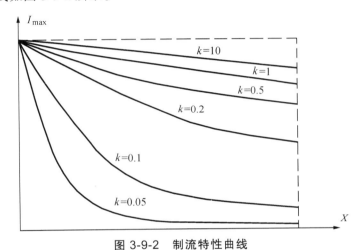

图 3-9-2　制流特性曲线

3. 分压电路原理

分压电路如图 3-9-3 所示。AC 两端电压 U 为

$$U = \frac{E}{\dfrac{R_z R_{AC}}{R_z + R_{AC}} + R_{BC}} \times \frac{R_z R_{AC}}{R_z + R_{AC}} = \frac{kR_{AC}E}{R_z + R_{BC}X}$$

k 和 X 的定义同前。

4. 不同的 k 值分压特性曲线

（1）不管 R_0 大小，电压调节范围 $0 \sim E$。

（2）k 越小，电压越难调节。即取 $k = 2$，就可认为调节已达均匀。

分压特性曲线如图 3-9-4 所示。

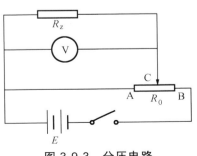

图 3-9-3　分压电路

【实验内容和步骤】

（1）仔细观察电表，记下刻度盘下侧符号和数字，说明其意义和所用电表的最大误差。

（2）记录电阻箱级别，根据不同挡位确定它的最大容许电流。

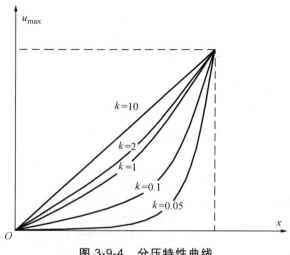

图 3-9-4　分压特性曲线

（3）制流特性的研究。

按照图 3-9-1 进行实验，电阻箱为负载 R_z，取 k=0.1，确定 R_z，根据所用的毫安表的量程和 R_z 的最大容许电流，确定实验时的最大电流以及电源的电压。

连接电路，检查后，观察电流的变化是否符合要求。

移动变阻器的滑头 C，在电流从最小到最大的过程中，测量 11 次电流以及相应 C 在标尺上的位置 l，并记录下变阻器绕线部分的长度 l_0，以 l/l_0 为横坐标，电流 I 为纵坐标作图。

取 k=1 和 k=0.5 重复上述步骤。

（4）分压电路的特性研究。

按照图 3-9-2 电路连线，电阻箱当 R_0，取 k=2，确定实验 R_z 的值，参照变阻器的额定电流和 R_z 的容许电流，确定电源电压的值。

移动变阻器的滑头 C，使加在负载 R_z 上的电压从最小到最大的过程中，测量 11 次电压 U 及相应 C 在标尺上的位置 l，并记录下变阻器绕线部分的长度 l_0，以 l/l_0 为横坐标，电压 U、电流 I 为纵坐标作图。

取 k=0.1 和 k = 0.5，重复上述步骤。

【注意事项】

（1）实验过程中一定要严格按照电磁学实验操作规程进行实验（接好电路要仔细核查电路）。

（2）实验过程中要注意电源电压的选择，是否会有电流超过了最大容许电流等。

（3）实验过程中为减小误差，注意不同 k 值量程不同。最好满足测量值能在量程的 2/3 以上。

（4）注意微调方法和有效电阻的长度取向。

（二）元件伏安特性的测量

【实验目的】

（1）用伏安法测量电阻的阻值，分析电表的接入误差；

（2）描绘晶体二极管的伏安特性。

【实验仪器】

电流表、电压表、微安表、滑线变阻器、直流电源、待测电阻、二极管。

【实验原理】

1. 伏安法测电阻

测出通过电阻 R 的电流 I 及电阻 R 两端的电压 U，则根据欧姆定律，可知 $R = \dfrac{U}{I}$。

下面讨论两种方法（内、外接法）引入的误差。

1）内接法引入的误差

如图 3-9-5 所示，设电流表的内阻为 R_A，回路电流为 I，则电压表测出的电压值

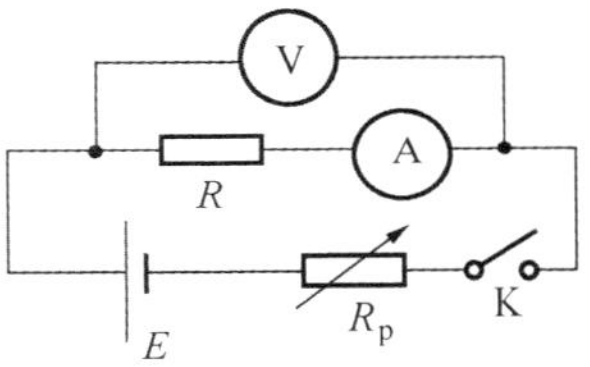

$$U = IR + IR_A = I(R + R_A)$$

即电阻的测量值 R_x 为

$$R_x = R + R_A \tag{3-9-1}$$

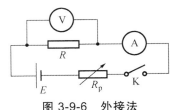

图 3-9-5　内接法

可见测量值大于实际值，测量的绝对误差为 R_A，相对误差为 $\dfrac{R_A}{R}$。当 $R_A \ll R$ 时，用内接法。

2）外接法引入的误差

如图 3-9-6 所示，设电阻 R 中的电流为 I_R，又设电压表流过的电流为 I_V，电压表内阻为 R_V，则电流表中的电流为

$$I = I_R + I_V = U\left(\frac{1}{R} + \frac{1}{R_V}\right)$$

图 3-9-6　外接法

因此电阻 R 的测量值 R_x 为

$$R_x = \frac{U}{I} = R \cdot \frac{R_V}{R + R_V}$$

由于 $R_V < (R + R_V)$，所以测量值 R_x 小于实际值 R，测量的相对误差为

$$\frac{R_x - R}{R} = -\frac{R}{R + R_V} \tag{3-9-2}$$

式中，负号是由于绝对误差是负值，可见只有当 $R_V \gg R$ 时才可用外接法。

2. 测量晶体二极管的伏安特性

晶体二极管 PN 结具有单向导电性，即加正向电压时电阻很小，处于正向导通状态；而加反向电压时电阻很大，出于截止状态。当所加电压大小发生变化时，流过二极管的电流和所加电压不是线性关系，其伏安特性曲线为

$$I = I_s \left(e^{\frac{qV}{kT}} - 1 \right) \tag{3-9-3}$$

由此可知，二极管是一种非线性元件，如图 3-9-7 所示。

从二极管的伏安特性曲线可知，其伏安特性由两部分构成：

1）正向伏安特性曲线

在二极管两端加上正向电压，如果正向电压较小，二极管呈现较大的正向电阻，流过二极管的正向电流很小，此区域称为死区。当正向电压超过死区电压（一般硅管为 0.7 V，锗管为 0.2 V），电流增长很快，且近似地和电压呈线性关系。二极管使用时，其正向电流不允许超过最大整流电流，否则将导致二极管的正向击穿。

2）反向伏安特性曲线

在二极管两端加上反向电压，由于少数载流子的作用，会形成反向电流。当反向电压在一定范围内时，反向电流很小，而且几乎不变，此时的反向电流称为反向饱和电流。当

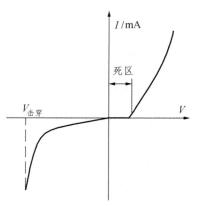

图 3-9-7　二极管伏安特性

反向电压增大到一定程度后，反向电流突然增大，此时二极管处于击穿状态，所以二极管必须给出反向工作电压（通常是击穿电压的一半）。

【实验内容】

1. 测定金属膜电阻的伏安特性

现有两个待测电阻（标称值为 55 Ω、3 300 Ω），请分析选择用内接法（见图 3-9-5）还是外接法（见图 3-9-6）连接电路测量其相应的电流、电压值，描绘伏安特性曲线，由作图法求待测电阻的阻值（每个电阻不少于 8 组测量值）。

2. 描绘晶体二极管的伏安特性曲线

按图 3-9-8 连接电路，取电源电压为 1.5 V，从 0 V 开始，每隔 0.1 V 读一次电流，直到电流达 30 mA 为止，测量二极管的电压及对应的电流，以电压为横坐标，以电流为纵坐标作正向伏安特性曲线。将二极管调向，取电源电压为 30 V，从 0 V 开始，每隔 2~3 V 读一次数，直到 30 V 为止，作反向伏安特性曲线。数据表格自拟。

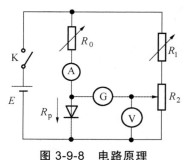

图 3-9-8　电路原理

【思考题】

1. 电表的主要规格有哪些？电流表、电压表的量程怎样选取？
2. 如何根据所给电阻确定滑线变阻器的规格？
3. 分析电表接入误差对测量结果的影响。
4. 试设计一个测量电表内阻的实验方案。

实验 10 示波器的调节与使用

【实验目的】

（1）了解通用示波器的结构和工作原理；
（2）掌握示波器各个旋钮的作用和使用方法；
（3）学习用示波器观察电信号的波形，测量电压、频率和相位，观察李萨如图形。

【实验仪器】

示波器、函数信号发生器。

【实验内容】

1. 调　节

（1）调亮点。打开示波器电源开关，稍等片刻，适当调整强度和聚焦旋钮，让亮度和聚焦适中。在示波器上将出现一个亮点从左向右移动，适当改变上下的位置和扫描频率，使亮点缓慢移动。

（2）显示扫描线。适当旋转"TIME/DIV"旋钮和图形的上下位置，将扫描线放到屏中心的水平标度线上。此时扫描线可能由于地磁场作用使其与标度线呈倾斜，若发生此情况。调前面光迹转动装置直到扫描线成为水平。

2. 观察波形曲线和李萨如图形

（1）形成2~3个稳定正弦波形曲线。将信号发生器输出的正弦信号输入到示波器的"CH₁"（或"CH₂"）上，打开信号发生器的电源开关，按下示波器上的"CH₁"按钮。适当改变信号发生器的输出"频率范围""频率调节""输出衰减"；适当调节示波器上的"TIME/DIV"（扫描频率）、"TRIG LEVEL"（整步）和"VOLTS/DIVVARIABLE"（CH₁增益）按钮，使产生2~3个周期稳定的正弦波形曲线。

（2）将示波器的"CH₁"和"CH₂"同时输入两个正弦信号，观察李萨如图形。将一个正弦信号输入到示波器的"CH₁"，将另一个正弦信号输入到示波器的"CH₂"，按下"CH₁""CH₂"和"X-Y"按钮。适当改变信号发生器输出"频率范围""频率调节""输出衰减""输出细调"；适当调节示波器上"CH₁"和"CH₂"上的"VOLTS/DIV VARIABLE"粗细旋钮，形成稳定的李萨如图形。记录频率 f_x, f_y。

表 3-10-1　李萨如图形与振动频率之间的简单关系

$f:f$	1:1	1:2	1:3	2:3	3:2	3:4	2:1
李萨如图形							
N_x	1	1	1	2	3	3	2
N_y	1	2	3	2	2	4	1
f_y/Hz							
f_x/Hz							

3. 测　量

（1）电压的测量。

① 直流电压的测量。选"CH₁"和"CH₂"上的一个通道，将"AC-GND-DC"开关置于"DC"位置，输入相应的直流电压信号，测量其电压值。

② 交流电压的测量。选"CH₁"和"CH₂"上的一个通道，将"AC-GND-DC"开关置于"DC"位置，输入相应的交流电压信号，测量其电压有效值。

（2）频率的测量。要求分别用波形观察和李萨如图形进行频率的测量。

【注意事项】

（1）接入电源前，要检查电源电压和仪器规定的使用电压是否相符。

（2）为了保护荧光屏不被灼伤，使用示波器时，光点亮度不能太强，而且也不能让光点长时间停在荧光屏的一点上。

【思考题】

1. 同步电路的作用是什么？"内"和"外"同步的作用是什么？

2. 请说明"TIME/DIV"和"VOLTS/DIV"这两个旋钮所表示的物理意义。

3. 用示波器观测周期为 0.2 ms 的正弦电压，试问要在屏上呈现 3 个完整而又稳定的正弦波，扫描电压的周期应等于多少毫秒？

4. 若扫描锯齿波周期较被观察信号的周期大很多，荧光屏上将看到什么图形？反之又会怎样？

实验 11　电位差计的使用

【实验目的】

（1）弄清电位差计的工作原理、结构、特点和操作方法；

（2）掌握测量干电池电动势和内阻的方法；

（3）设计用电位差计测量待测电阻的阻值。

【实验仪器】

电位差计、灵敏检流计、标准电池、电阻箱、直流稳压电源、待测电池、待测电阻。

【实验原理】

电位差计是利用补偿原理制成的一种精度较高且使用方便的仪器，能精确地测量待测的电势差和电池的电动势。其结构原理如图 3-11-1 所示，由工作电源 E、电阻 R_{AB}、限流电阻 R_p 构成一测量电路，其中有稳定而准确的电流 I_0；电源 E_x 和检流计 G 组成一补偿分路，调节 P 点使 G 中电流为零，AP 间电压为 U_{AP}，则

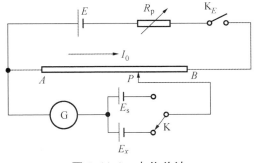

图 3-11-1　电位差计

$$E_x = U_{AP}$$

而 $U_{AP} = R_{AP} \cdot I_0$（$R_{AP}$ 为 A、P 间电阻），所以

$$E_x = R_{AP} \cdot I_0 \qquad (3\text{-}11\text{-}1)$$

即当测量电路的电阻与电流已知时，可得 E_x 之值。如将 E_x 改用标准电池 E_s，可得 $E_s = R_s \cdot I_0$ 或 $I_0 = E_s / R_s$，代入式（3-11-1）得

$$E_x = \frac{R_{AP}}{R_s} E_s \qquad (3\text{-}11\text{-}2)$$

通过滑线变阻器 P 点的调节，进行二次电压比较，取平衡时的 R_{AP} 和 R_s 值，根据式（3-11-2）可求得待测电源 E_x 的电动势值。电动势的测量分两步进行：

1. 定　标

利用标准电池准确度高的特点，使测量电路中的电流能准确地达到标定值 I_0，这一过程称作电位差计的定标。方法如图 3-11-1 所示，E_s 是标准电池，根据它的大小，取 AB 间的电阻为 R_{AB} 并使 $R_{AB} = E_s / I_0$，将开关 K 倒向 E_s，调节 R_p 使检流计指示为零，电路达到补偿，此时 $I_0 = E_s / R_{AB}$，由于 E_s、R_{AB} 都很准确，所以 I_0 就被精确地校准到标准值。

2. 测　量

在图 3-11-1 中，将开关 K 倒向 E_x，保持 R_p 不变，即 I_0 不变，调节触点 P 就一定能找到一个合适的位置，使检流计的示数为零，这时的电阻为 R_x，电压为 $E_x = I_0 R_x$，而实际的电位差计是将电阻的数值转换成电压的数值标在刻度盘上，所以可由表盘刻度直接读出 E_x 的值。

3. 用电位差计测量电池的电动势（或电压）及内阻

1）测量干电池的电动势 E

测量电池的电动势及电势差时，可按图 3-11-2（a）将电池连接在电位差计的"未知 1"或"未知 2"进行测量，注意电池极性一定不能接反。

97

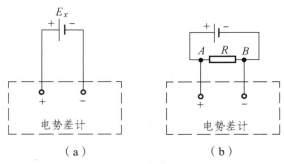

图 3-11-2   电路连接

2）测量电池的内阻 $R_{内}$

为了测量干电池的内阻 $R_{内}$，可把干电池与一已知标准电阻 R（用电阻箱）构成一个回路[见图 3-11-2（b）]，调节电位差计，使检流计指零，读出端电压 U，则内阻为

$$R_{内} = \frac{E-U}{I_0} = \frac{E-U}{U}R$$

【实验内容】

（1）观察电位差计的面板，了解各旋钮的作用。特别是原理中的 R_p、R_s 和 R 各对应仪器上的什么旋钮。

（2）查出室温，根据公式 $E_t = 1.018\,63 - 4 \times 10^{-5}(t-20) - 10^{-6}(t-20)^2$，计算干电池的实际电动势。旋转温度补偿旋钮，使之符合此值。

（3）校准工作电流 I_0。

将图 3-11-1 中的开关 K 倒向 E_s，检流计开关 K_2 由粗到细，同时调节限流电阻 R_{p1}，R_{p2}，R_{p3} 使检流计指零，在校准工作电流 I_0 之后，一般不要再动 R_p。但在实验中途应检查 I_0 是否有变化，如有变化要重新校准。

（4）测量干电池的电动势和内阻。

将待测电池接在"未知 1"或"未知 2"，将测量开关 K_1 拧到相应的"未知 1"或"未知 2"上，检流计开关 K_2 由粗到细，对应调节测量部分电压度盘 Ⅰ、Ⅱ、Ⅲ、Ⅳ、Ⅴ 刻度，使检流计示数为零，则 5 个刻度盘的读数之和即为待测电动势。

按图 3-11-2（b）所示原理以同样方法测量干电池的内阻。

（5）自行设计实验方案测量待测电阻的阻值。

【思考题】

1. 若检流计指针老向一边偏，其产生的原因可能有哪些？

2. 为什么电位差计测量的是电池的电动势，而不是端电压？

3. 能否用伏特计测量标准电池的电动势？

4. 影响测量结果的主要因素有哪些？实验中如何减小它们的影响？

实验 12　惠斯通电桥测电阻

【实验目的】

（1）掌握惠斯通电桥的原理及其运用，学会正确使用箱式电桥测电阻的方法；

（2）初步了解影响电桥精度的原因。

【实验仪器】

电阻箱 3 只、指针式灵敏检流计、直流电源、待测电阻、箱式电桥。

【实验原理】

1. 惠斯通电桥的工作原理

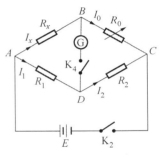

图 3-12-1　惠斯通电桥

惠斯通电桥的工作原理如图 3-12-1 所示，3 个电阻箱 R_1，R_2，R_0 和待测电阻 R_x 连成一个封闭四边形，每条边称作电桥的一个臂。对角线 AC 上接电源 E，对角线 BD 上接检流计 G。所谓"桥"就是指 BD 这条对角线而言，检流计的作用是将"桥"两端的电位 U_B 和 U_D 进行比较。在一般情况下，检流计上有电流通过，其指针发生偏转。

若适当调节 R_1、R_2 和 R_0 的阻值使两点的电位相等（即 $U_B = U_D$），检流计中无电流通过，即 $I_G = 0$，这时电桥平衡。平衡时有

$$I_1 = I_2, \quad I_x = I_0 \tag{3-12-1}$$

同时有
$$U_{AB} = U_{AD}, \quad U_{BC} = U_{DC}$$

或
$$I_x R_x = I_1 R_1, \quad I_0 R_0 = I_2 R_2 \tag{3-12-2}$$

所以由式（3-12-1）和式（3-12-2）得

$$R_x = \frac{R_1}{R_2} R_0 \tag{3-12-3}$$

可见，待测电阻 R_x 由 R_1 与 R_2 的比率（R_1/R_2）与 R_0 的乘积决定。因此，通常把 R_1、R_2 所在的桥臂称为"比率臂"，R_0 所在的桥臂称为"比较臂"。

要调节电桥达到平衡有两种办法：一是取比率臂 R_1/R_2 为某一比值（或称倍率），调节比较臂 R_0；另一种是保持比较臂 R_0 不变，改变比率臂 R_1/R_2 的比值。目前广泛采用前一种调节方法。因此，用电桥测电阻时，只需确定比率臂，调节比较臂，调节比较臂使检流计指针指零。

电桥法测量电阻的误差，主要来源于两个方面：一是 R_1、R_2 和 R_0 本身的误差，二是检流计的灵敏度。

2. 交换法减小测量的误差

假设检流计的灵敏度足够高，主要考虑 R_1、R_2 和 R_0 引起的误差。

将图 3-12-1 中的桥臂电阻 R_1 与 R_2 交换，调节 R_0 为 R_0' 时的电桥平衡，则有

$$R_x = \frac{R_1}{R_2} R_0' \qquad (3\text{-}12\text{-}4)$$

将式（3-12-3）与式（3-12-4）相乘，得

$$R_x^2 = R_0 R_0'$$

$$R_x = \sqrt{R_0 R_0'} \qquad (3\text{-}12\text{-}5)$$

由式（3-12-5）可见，R_x 的误差只与 R_0 的仪器误差有关。

$$\frac{\Delta R_x}{R_x} = \frac{\Delta R_0}{R_0} \qquad (3\text{-}12\text{-}6)$$

一般 R_0 为精度较高的电阻箱（如实验常用的电阻箱的精度为 0.1 级），因此可得到 R_x 较准确的测量值。

3. 电桥的灵敏度

检流计在"桥"上的作用是作为一种示零器，并不用来读数。当调节电桥平衡时，若有微小电流 I_G 经检流计，因其灵敏度低以至观察不出指针的偏转，由此给测量带来了误差。为了定量地描述由于检流计的限制给电桥测量带来的误差，引入"电桥灵敏度"这一概念，其定义为

$$S = \frac{\Delta n}{\Delta R / R} \qquad (3\text{-}12\text{-}7)$$

式中，ΔR 为电桥平衡后 R 的改变量；Δn 为电桥失去平衡后检流计偏转的格数。可见，电桥的灵敏度越高，对电桥平衡的判断越准确，给测量带来的误差也越小。例如，当 R 的相对改变量为 1%，检流计偏转 1 格，则 $S = 100$ 格；R 的相对改变量为 0.1%，检流计偏转 10 格，则 $S = 1000$ 格，后者比前者高 10 倍。在实际测量时注意观察电桥灵敏度对测量的影响。另外，电桥的灵敏度除了与检流计的灵敏度有关，还与电源电压及各桥臂电阻的搭配有关。

因为 R 是电桥四臂中任意的一臂，所以，改变任一桥臂电阻得到的电桥灵敏度是相同的。在实际测量中，为了方便，通常改变 R_0 的阻值为 ΔR_0，从而求出电桥灵敏度

$$S = \frac{\Delta n}{\Delta R_0 / R} \qquad (3\text{-}12\text{-}8)$$

当检流计的指针偏转小于 1/10（偏转格的最小分辨率），就不能被察觉，由此引起的测量的相对误差为

$$\frac{\Delta R_x}{R_x} = \frac{\Delta n_0}{S} \qquad (3\text{-}12\text{-}9)$$

式中，$\Delta n = 0.1$ 格为检流计的最小分辨率；S 为电桥的灵敏度。

【实验内容】

1. 自组电桥测量电阻

（1）按图 3-12-1 连接测量线路。

（2）确定比率臂 R_1/R_2，即定好 R_1 与 R_2 的具体阻值。

（3）电源电压取 5 V，调节 R_0 的值，使检流计指针指 "0"，记下 R_0 的值。

（4）在电桥测量线路上，将 R_1 与 R_2 位置交换，调节 R_0 使电桥平衡，记下此时的 R_0' 的值。

（5）利用式（3-12-5）算出待测电阻的阻值，用式（3-12-6）算出 R_0 引起的测量误差。

2．测量电桥的灵敏度

（1）在上述电桥平衡的基础上，将 R_0 改变 ΔR_0，使检流计偏转 Δn 格，由式（3-12-8）算出电桥的灵敏度 S。对于不同被测电阻 R，其灵敏度 S 不同，由此可得出什么结论？

（2）将灵敏度 S 代入式（3-12-9），可求出被测电阻 R 的误差 ΔR_x。

（3）将以上两项误差合成。

（4）将所记录的数据填入自行设计的表格中，要求测量结果用标准形式 $R_x = \bar{R}_x \pm \Delta R_x$ 表示。

3．用不同比率臂测量电阻（选做）

对某一被测电阻 R，用不同比率臂（如选 R_1/R_2 分别为 0.01，0.1，1，10）分别测量其阻值及电桥灵敏度，比较一下，可得出什么结论？

4．用 QJ24 型直流单电桥测量待测电阻

对被测电阻用不同的比率臂测出其阻值，计算其平均值。

【思考题】

1．检流计指针总往一边偏，请分析引起此现象的可能原因。

2．什么是电桥的灵敏度？电桥的灵敏度如何测量？本实验中影响电桥灵敏度的因素有哪些？

3．如何根据待测电阻确定比例臂倍率？

4．电桥平衡后，若将电源和检流计的位置互换，电桥能否仍保持平衡？并加以证明。

实验 13　薄透镜焦距的测定

【实验目的】

（1）掌握几种测定薄透镜焦距的方法；

（2）加深对物像公式及薄透镜成像规律的了解和认识；

（3）初步掌握调节光学系统成共轴的方法。

【实验仪器】

光具座、光源、薄凸透镜、凹透镜、物屏、白屏、平面镜、光凳等。

【实验原理】

测定薄透镜焦距的方法很多，原理也不尽相同，但最根本的出发点就是物像公式。

1. 测量会聚透镜焦距的方法

1) 利用平行光测定焦距

利用明亮的远方物体（如太阳、远处房屋、树木、灯光等）发出的光线近似作为平行光，使其通过透镜成像。由物像公式

$$-\frac{1}{s}+\frac{1}{s'}=\frac{1}{f'} \tag{3-13-1}$$

可知，当物距 $-s$ 趋于无穷大时的像距 s' 即为薄透镜的焦距 f'。因此，只要将透镜面向远方物体，使其在与镜面平行的屏上呈现清晰的像，用米尺量出透镜中心至屏的距离，即为透镜的焦距。此法简便迅速，但不够精确。

2) 利用物像公式求焦距

把光源、物屏、凸透镜和白屏放在光凳上，先用目视法将它们的中心调成等高，然后再仔细调节透镜和白屏的距离，在物与透镜的间距大于透镜焦距的情况下，便可在屏上呈现清晰的像，并把像的中心调到与透镜中心等高。由物像公式(3-13-1)可推出

$$f'=\frac{ss'}{s-s'} \tag{3-13-2}$$

式（3-13-2）中，s、s' 及 f' 是物、像和焦点到镜心的距离。因为薄透镜的厚度远小于其球面半径，所以可视它的两个主点与透镜中心重合在一起，因此只要量出 s、s'，即可由公式（3-13-2）算出焦距 f'。

3) 用两次成像法求焦距（称为共轭法或贝塞尔法）

透镜成像时，物、像的位置是一一对应的，而且当物、像位置互相对换时，其物、像间距不变，只有像的大小变化，这就是物、像共轭。在共轭法中，如果固定物屏和像屏之间的距离 L 不变，且使 $L>4f'$（问：为什么要求 $L>4f'$？），通过移动透镜，可在像屏上得到两次清晰的像。如图 3-13-1 所示，透镜在位置 I 时得到放大的像；透镜在位置 II 时得到缩小的像。从该图可知

$$L=-s+s', \quad d=-s-s' \tag{3-13-3}$$

式（3-13-2）中，d 为透镜两次成像所移动的距离，则有

$$-s=\frac{L+d}{2}, \quad s'=\frac{L-d}{2} \tag{3-13-4}$$

将式（3-13-4）代入式（3-13-2），可得

$$f'=\frac{L^2-d^2}{4L} \tag{3-13-5}$$

由此可见，只要测出物与像屏的距离 L 及透镜的位移 d，即可算出该透镜的焦距 f'。用

这种方法求出的焦距在理论上是比较准确的。因为它毋需测量物距、像距，从而排除了测量物距、像距时，以镜心为准而不是以主点为准所带来的误差。

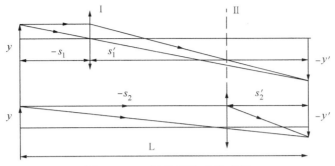

图 3-13-1　透镜两次成像光路

4）利用自准成像法求焦距

把凸透镜放物屏前面，使两者等高共轴。在透镜后放一平面反射镜，把通过透镜的光线反射回去，实验装置如图 3-13-2 所示。仔细调节透镜与物的距离，直到在物面上得到清晰的像为止。根据成像规律，当物位于透镜的焦平面时，在物屏上即可生成与物 AB 等大的倒立的实像 $B'A'$。记录此时物（物屏）与透镜之间的距离，即为待测透镜的焦距。

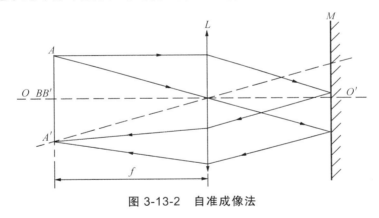

图 3-13-2　自准成像法

用此方法测定焦距是最简便的。光学实验中经常用此办法调节平行光，平行光管等精密仪器调节平行光也是用的此方法。

2. 测量发散透镜焦距的方法

将辅助透镜 L 所成的实像 Q 作为凹透镜 L' 的虚物，通过凹透镜形成实像 P'，再用物像公式来计算 $f'_凹$，其光路如图 3-13-3 所示。首先用凸透镜在屏上成得十字丝的实像 Q，以此像作为物。在 L、Q 之间放凹透镜 L'，使 L' 距 Q 较近，由于 L' 的发散作用，需把屏向后移到 P' 的位置才能再得到清晰的像。对 L' 来说，Q 为虚物点，P' 为实像点，测出物点 Q 和像点 P' 到凹透镜 L' 的距离 s、s'，由物像公式可得

$$f'_凹 = \frac{ss'}{s+s'}$$ （3-13-6）

利用式（3-13-6）便可算出凹透镜的焦距 $f_{凹}'$ 。

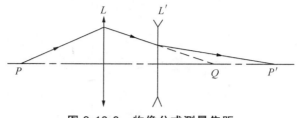

图 3-13-3　物像公式测量焦距

【实验内容】

（1）将远处灯光当作平行光，粗测凸透镜的焦距，测量 3 次取平均值。

（2）利用物像公式测量凸透镜的焦距，可分 3 种情况进行：

① 物距大于两倍焦距（以粗测值为准）。

② 物距等于两倍焦距。

③ 物距小于两倍焦距。各测量 3 次取平均值，步骤自拟。

（3）用两次成像法测量凸透镜焦距，测量 10 次计算标准偏差，步骤自拟。

（4）用自准成像法测量凸透镜焦距，测量 3 次取平均值，步骤自拟。

（5）用物像公式测算凹透镜焦距，测量 3 次取平均值，步骤自拟。

【思考题】

1. 远方物体经透镜成像的像距为什么可视为焦距？

2. 如何把几个光学元件调至等高共轴？粗调与细调应怎样进行？

3. 如何用自准成像法调节平行光？其要领是什么？

4. 分析测量焦距时存在误差的主要原因。

5. 有人说"没有接收屏就看不到实像"，这种说法正确吗？

实验 14　分光计的调整与使用

　　分光计是一种精确测量光线偏折角度的光学仪器。利用分光计可以测量棱镜或其他具有镜面表面的光学元件的角度，可以测量光在棱镜或晶体中的折射角、折射率，可以测量三棱镜的色散率及反射、折射、衍射和干涉等实验中的角度。与光栅配合时，可做光的衍射实验；与偏振器配合时，可做光的偏振实验。

　　分光计的用途广泛，它的调整思路、方法和技巧，在光学仪器中有一定的代表性，学会对它的调节和使用，对今后调整使用其他更为复杂的光学仪器，具有指导性的作用。

【实验目的】

（1）了解分光计的构造和原理，学会分光计的调整；

（2）测定三棱镜的顶角；

（3）观察色散现象，测定玻璃三棱镜对汞灯绿光的折射率。

【实验仪器】

分光计（JJY 型）、三棱镜、汞灯（或钠光灯）。

【实验原理】

1. 三棱镜顶角的测量

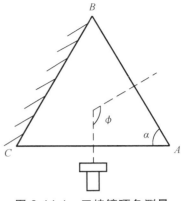

图 3-14-1　三棱镜顶角测量

测量三棱镜顶角的方法有反射法和自准法两种，本实验介绍用自准法进行测量。如图 3-14-1 所示，利用望远镜自身产生的平行光，固定望远镜，转动载物台，使载物台上的三棱镜的 AB 面对准望远镜，使 AB 面反射的十字像与望远镜筒中的双十字丝上交叉点重合，即望远镜光轴与三棱镜的 AB 面垂直，记下此时两边的游标读数 θ_1、θ_2，然后再转动载物台，使 AC 面反射的十字像与望远镜筒中的双十字丝上交叉点重合，即望远镜光轴与三棱镜的 AC 面垂直，记下此时两边的游标读数 θ_1'、θ_2'。设三棱镜相对望远镜转过的角度为 ϕ，则

$$\bar{\phi}=\frac{1}{2}(\phi_1+\phi_2)=\frac{1}{2}\left[(\theta_1'-\theta_1)+(\theta_2'-\theta_2)\right] \tag{3-14-1}$$

由图 3-14-4 可知，棱镜主截面的顶角 α 为

$$\alpha=180°-\bar{\phi} \tag{3-14-2}$$

2. 三棱镜折射率的测量

物质的折射率与通过物质的波长有关。当光从空气射到折射率为 n 的介质分界面时，光发生折射，根据折射定律有

$$n=\frac{\sin i_1}{\sin i_2} \tag{3-14-3}$$

式（3-14-3）中，i_1 为入射角；i_2 为折射角。

当一束单色光通过三棱镜时，在入射面 AB 和出射面 AC 上都要发生折射，如图 3-14-2 所示。出射光线 R 与入射光线 I 之间的夹角称为偏向角 δ，入射光方向不同时，偏向角 δ 的大小也不同。当入射光在某一特定位置时，偏向角 δ 有最小值，称为最小偏向角，用 $\delta_{\min}$ 表示。通过折射定律式（3-14-3）和简单的几何关系，可得三棱镜对该单色光的折射率为

$$n=\frac{\sin\frac{1}{2}(\delta_{\min}+\alpha)}{\sin\frac{1}{2}\alpha} \tag{3-14-4}$$

式（3-14-4）中，α 为三棱镜的顶角。

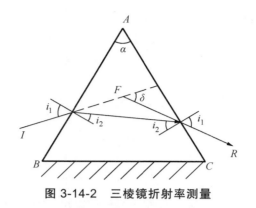

图 3-14-2　三棱镜折射率测量

可见，在实验中，只要测量出三棱镜的顶角 α 和最小偏向角 $\delta_{\min}$，就可以根据式（3-14-4）计算出此三棱镜的折射率。

【实验内容与步骤】

1. 分光计的调节

分光计是在平行光中观察有关现象和测量角度的，因此在调节中要求：一是使平行光管发出平行光，望远镜聚焦于无穷远（即适合于观察平行光）；二是使平行光管和望远镜的光轴都垂直于分光计的主轴，三是从度盘上读出的角度要符合观测现象中的实际角度。

用分光计进行观测时，其观测系统由 3 个平面构成，如图 3-14-3 所示。

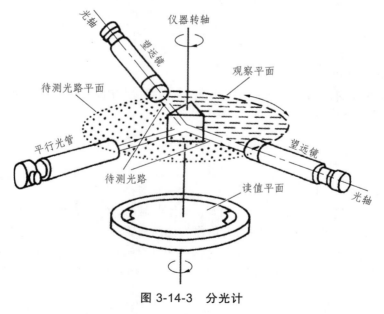

图 3-14-3　分光计

（1）读值平面。由主刻度盘和游标盘绕中心轴旋转时形成的平面，读值平面都是固定的，且与中心主轴垂直。

（2）观察平面。由望远镜光轴绕仪器中心转轴旋转时所形成的平面。只有当望远镜光轴与转轴垂直时，观察面才是一个平面，否则，将形成一个以望远镜光轴为母线的圆锥面。

（3）待测光路平面。由准直管的光轴和经过待测光学元件（棱镜、平行平板、光栅等）作用后，所反射、折射和衍射的光线共同确定的平面。可以调节载物台下方的调节螺钉，将待测光路调节到所需的方位。

对分光计（参见图 2-7-1）的具体调节如下：

1）目测粗调

把仪器摆正，先用目视法将望远镜和平行光管轴调到大致与分光计主轴垂直，主要调节螺钉（12）和（27），使平行光管和望远镜光轴大致在一条直线上，再调节螺钉（6），使载物台平面大致与分光计主轴垂直。

2）目镜的调焦

目镜调焦的目的是使眼睛通过目镜能清楚地看到目镜中分划板上的刻线（双十字叉丝）。

调焦方法：先把目镜调焦手轮（11）旋出，然后一边旋进，一边从目镜中观察，直到分划板刻线成像清晰，再慢慢地旋出手轮，直到目镜中的像的清晰度将被破坏而又未被破坏时为止。

3）望远镜的调焦

望远镜调焦的目的是将目镜分划板上的十字线调整到物镜的焦平面上，也就是望远镜对无穷远调焦。具体调节方法如下：

（1）接上灯源。把从变压器出来的 6.3 V 的电源插头插到底座的插座上，把目镜照明器上的插头插到转座的插座上。

（2）把望远镜光轴位置的调节螺钉（12、13）调节到适中的位置。

（3）在载物台的中央放上附件光学平行平板，如图 3-14-4 所示，其反射面对着望远镜的物镜，且与望远镜光轴大致垂直，这时视场中就会多了一个绿色十字反射像，如图 3-14-5 所示。

（4）通过调节载物台的调平螺钉（6）和转动载物台，使望远镜的反射像和望远镜在同一直线上。

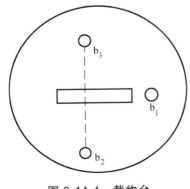

图 3-14-4　载物台

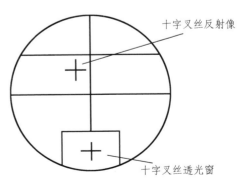

图 3-14-5　望远镜视场

（5）从目镜中观察，此时可以看到一亮斑，前后移动目镜，对望远镜进行调焦，使亮十字线成清晰的像，然后，利用载物台上的调平螺钉和载物台微调机构，把亮十字线调节到与分划板上方的十字线重合，往复移动目镜，使亮十字线和十字线无视差地重合。

4）调整望远镜的光轴垂直于旋转主轴

（1）调整望远镜光轴上下位置调节螺钉（12），使反射回来的亮十字线精确地成像在十字线上。

（2）把游标盘连同载物台、平行平板旋转180°时，观察到的亮十字可能与十字线有一个垂直方向的位移，也就是说，亮十字可能偏高或偏低，如图3-14-6（a）所示。

（3）调节载物台调平螺钉，使位移减少一半，如图3-14-6（b）所示。

（4）调整望远镜光轴上下位置调节螺钉（12），使垂直方向的位移完全消除。

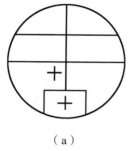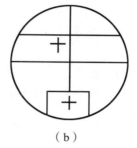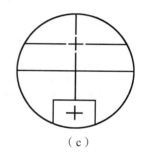

（a）　　　　　　　　　　（b）　　　　　　　　　　（c）

图 3-14-6　载物台调平

（5）把游标盘连同载物台、平行平板再旋转 180°，检查其重合程度。重复步骤（3）和（4），使偏差得到完全校正，如图3-14-6（c）所示。

5）将分划板十字线调成水平和垂直

当载物台连同光学平行平板相对于望远镜旋转时，观察亮十字是否水平地移动，如果分划板的水平刻线与亮十字的移动方向不平行，就要转动目镜，使亮十字的移动方向与分划板的水平刻线平行，注意不要破坏望远镜的调焦，然后将目镜锁紧螺钉旋紧。

6）平行光管的调焦（以下调节用于最小偏向角的测定）

调节的目的是把狭缝调整到物镜的焦平面上，也就是平行光管对无穷远调焦。具体的调节方法如下：

（1）去掉目镜照明器上的光源，打开狭缝，用漫反射光照明狭缝。

（2）在平行光管物镜前放一张白纸，检查在纸上形成的光斑，调节光源的位置，使得在整个物镜孔径上照明均匀。

（3）除去白纸，把平行光管光轴左右位置调节螺钉（26）调节到适中的位置，将望远镜管正对平行光管，从望远镜目镜中观察，调节望远镜微调机构和平行光管上下位置调节螺钉（27），使狭缝位于视场中心。

（4）前后移动狭缝机构，使狭缝清晰地成像在望远镜分划板平面上，狭缝像宽约为 1 mm。

7）调整平行光管的光轴垂直于旋转主轴

调节平行光管上下位置调节螺钉（27），升高或降低狭缝像的位置，使得狭缝对目镜视场的中心对称。

8）将平行光管狭缝调节成垂直

旋转狭缝机构，使狭缝与目镜分划板的垂直刻线平行，如图 3-14-7 所示，注意不要破坏平行光管的调焦，然后将狭缝装置锁紧螺钉旋紧。

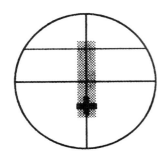

图 3-14-7　狭缝与目镜分划板刻线的位置

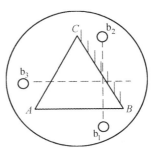

图 3-14-8　三棱镜的放置

2．三棱镜顶角的测定

1）调节三棱镜的主截面与分光计主轴垂直

（1）按图 3-14-8 把三棱镜放在载物台上，使它的一个光学面 AB 垂直于载物台调平螺丝 $b_1 b_2$ 的连线。

（2）旋紧螺丝（16）、（17）固定望远镜，旋转载物台使棱镜 AB 面正对望远镜，调节螺钉 b_1 使 AB 面反射的十字像与双十字丝上交叉点重合，此时望远镜光轴垂直于光学面 AB。（注意望远镜水平已调节好，不能再动！）

（3）旋转载物台，将棱镜另一光学面 AC 正对望远镜，调节螺钉 b_3 使 AC 面反射的十字像与双十字丝上交叉点重合，此时望远镜光轴垂直于光学面 AC。

（4）重复以上步骤，使三棱镜的两个光学侧面均能严格垂直于望远镜光轴，这样就使得棱镜主截面与分光计主轴垂直了。

2）三棱镜顶角的测定

（1）调节好游标盘的位置，使游标在测量过程中不被平行光管或望远镜挡住，锁紧制动架（二）和游标盘、载物台的止动螺钉（25）、（7）。

（2）使望远镜对准 AB 面，锁紧转座与度盘、制动架（一）和底座的止动螺钉（16）、（17）。

（3）旋转制动架（一）末端上的调节螺钉（15），对望远镜进行微调（旋转），使亮十字与十字线完全重合。

（4）记下此时游标所指示的度盘的两个读数 θ_1、θ_2。

（5）放松制动架（一）和底座上的止动螺钉（17），旋转望远镜，使之对准 AC 面，锁紧制动架（一）和底座上的止动螺钉（17）。

（6）重复步骤（3）、（4），记下游标所指示的度盘的两个读数 θ_1'、θ_2'。在此过程中，三棱镜相对望远镜转过的角度为

$$\bar{\phi}=\frac{1}{2}(\phi_1+\phi_2)=\frac{1}{2}[(\theta_1'-\theta_1)+(\theta_2'-\theta_2)]$$

（7）计算三棱镜主截面的顶角 α 为

$$\alpha = 180° - \bar{\phi}$$

3. 测量汞灯绿光的最小偏向角

（1）调节平行光管，使平行光管发出平行光，并使其光轴与望远镜光轴平行。

（2）将三棱镜放在载物台上，如图3-14-9所示，将平行光管对准光源，判断折射光线的出射方向，用眼睛迎着光线可能的出射方向，放松制动架（一）和底座上的止动螺钉（17），旋转望远镜，找到平行光管的狭缝像，可以看到几条平行的彩色谱线，观察三棱镜色散现象。将望远镜转到此方位，使从望远镜中能清楚地看到彩色谱线，并认定绿色谱线。

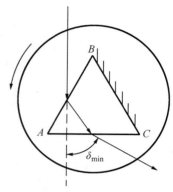

（3）放松制动架（二）和游标盘的止动螺钉（25），慢慢转动载物台，从望远镜中看到绿色狭缝像沿某一方向移动，当转到这样一个位置，即看到的狭缝像刚刚开始要反向移动，此时棱镜的位置就是平行光束以最小偏向角射出的位置。

图3-14-9　光路

（4）锁紧制动架（二）和游标盘的止动螺钉（25）。

（5）利用微调机构，精确调整，使分划板的十字线精确地对准狭缝（在狭缝中央），记下此时游标所指示的度盘的两个读数 θ_1、θ_2。

（6）取下棱镜，放松制动架（一）和底座上的止动螺钉（17），旋转望远镜，使望远镜直接对准平行光管，然后旋紧制动架（一）和底座上的止动螺钉（17）。对望远镜进行微调，使分划板的十字线精确地对准狭缝。记下游标所指示的度盘的两个读数 θ_1'、θ_2'。

（7）计算绿光的最小偏向角：

$$\delta_{\min} = \frac{1}{2}[(\theta_1' - \theta_1) + (\theta_2' - \theta_2)]$$

4. 计算玻璃对汞灯绿光的折射率

将步骤 2、3 测得的三棱镜顶角 α 和绿光的最小偏向角 $\delta_{\min}$ 代入式（3-14-4），计算出玻璃对汞灯绿光的折射率。

【注意事项】

（1）在调节仪器时螺丝不要拧得太紧。

（2）三棱镜要轻拿轻放，注意保护光学面，不要用手触摸反射面。

（3）在计算角度时，要注意望远镜转动过程中游标盘是否经过刻度盘的零点。如果经过刻度盘的零点，就应在相应读数上加上 360°（或减去 360°）后再计算。

【思考题】

1. 分光计由哪几个主要部件组成？它们的作用各是什么？

2. 望远镜光轴与分光计光轴相垂直的调节过程为什么要用各半调节法？

3. 在分光计的调节使用过程中，要注意什么事项？

4. 在分光计的调整中，平面反射镜的放置有什么技巧？

5. 不用汞灯（或钠光灯）光源，借助于望远镜中的绿十字像利用自准法也可以测量三棱镜的顶角，试设计出相应的实验方案。

【附录　双游标消除偏心误差的原理】

如图 3-14-10 所示，外圆表示刻度盘，其中心在 O 点；内圆表示载物台，其中心在 O' 点，两游标与载物台相连，并在其直径的两端，它们与刻度盘的圆弧相接触。通过 O' 点的虚线表示两个游标零线的连线。假定载物台从 φ_1 转到 φ_2，实际转过的角度为 θ，而刻度盘上的读数为 φ_1、φ_1'、φ_2、φ_2'，计算得到的转角为 $\theta_1 = \varphi_2 - \varphi_1$，$\theta_2 = \varphi_2' - \varphi_1'$。根据几何知识有：$\alpha_1 = \dfrac{1}{2}\theta_1$，$\alpha_2 = \dfrac{1}{2}\theta_2$，而 $\theta = \alpha_1 + \alpha_2$，所以载物台实际转过的角度为

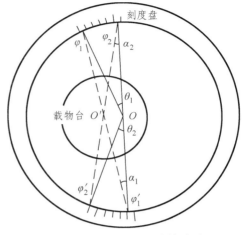

图 3-14-10　偏心误差的消除

$$\theta = \frac{1}{2}(\theta_1 + \theta_2) = \frac{1}{2}[(\varphi_2 - \varphi_1) + (\varphi_2' - \varphi_1')]$$

由上式可知，两游标读数的平均值即为载物台实际转过的角度，因而使用两个游标的读数装置，就可以消除偏心误差。

实验 15　迈克尔逊干涉仪的调节和使用

【实验目的】

（1）了解迈克尔逊干涉仪的构造原理并掌握其调节方法；

（2）通过实验观察等倾干涉、等厚干涉、白光干涉和非定域干涉条纹；

（3）了解光源的时间相干性问题；

（4）用迈克尔逊干涉仪测量钠光（或氦氖激光波长）和透明介质的折射率。

【实验仪器】

迈克尔逊干涉仪、钠光灯、氦氖激光器、白炽灯、短焦距透镜、针孔板、毛玻璃片等。

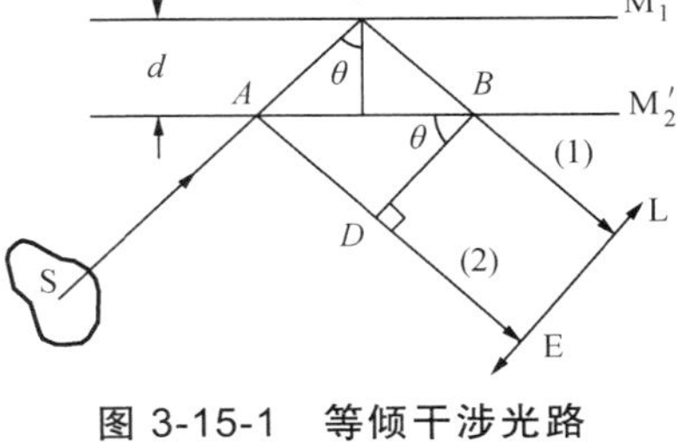

【实验原理】

1. 等倾干涉条纹

当 M_1 和 M_2' 平行时，同一条纹是由具有相同入射角的光形成的，条纹的形状决定于具有相同入射角的光在垂直于观察方向的平面上的交点的轨迹。如图 3-15-1 所示，用扩展光源照

图 3-15-1　等倾干涉光路

明，对任一入射角为θ的光束经 M_1 和 M_2' 反射成为（1）、（2）两支，（1）和（2）相互平行。（1）、（2）两光束的光程差δ为

$$\delta = AC + CB + AD = \frac{2d}{\cos\theta} - 2d\tan\theta \cdot \sin\theta$$

$$= 2d\left(\frac{1}{\cos\theta} - \frac{\sin^2\theta}{\cos\theta}\right) = 2d\cos\theta \qquad (3\text{-}15\text{-}1)$$

此时在 E 的方向，用人眼直接观察，或用一会聚透镜 L 在其后焦面用屏去观察，可以看到一组明暗相间的同心圆，每一个圆各自对应一恒定的倾角θ，所以称为等倾干涉条纹。等倾干涉条纹定域于无穷远，在这些同心圆中，干涉条纹的级别以圆心处为最高，此时，$\theta = 0$，因而有

$$\delta = 2d = k\lambda \qquad (3\text{-}15\text{-}2)$$

当移动 M_1 使d增加时，圆心处的干涉条纹的级次越来越高，可看见圆条纹一个一个从中心"涌出"来；反之，当d减小时，条纹一个一个地向中心"陷进"去。每当"涌出"或"陷进"一个条纹时，d就增加或减少了$\lambda/2$。若 M_1 镜移动了距离Δd，所引起干涉条纹"涌出"或"陷进"的数目为$N = \Delta k$，则有

$$2\Delta d = N\lambda \qquad (3\text{-}15\text{-}3)$$

所以，若已知波长λ，就可以从条纹的"涌出"或"陷进"的数目N，求得 M_1 镜移动的距离Δd，这就是干涉仪测长的基本原理。反之，若已知 M_1 镜移动的距离Δd和条纹"涌出"或"陷进"的数目N，由式（3-15-3）可求得波长λ。

利用式（3-15-2）可对不同级次的干涉条纹进行比较：

对第k级有$2d\cos\theta_k = k\lambda$；对第$k+1$级有$2d\cos\theta_{k+1} = (k+1)\lambda$。两式相减，并利用$\cos\theta \approx 1 - \theta^2/2$（当$\theta$较小时），可得相邻两条纹的角距离为

$$\Delta\theta_k = \theta_k - \theta_{k-1} \approx \frac{\lambda}{2d\theta_k} \qquad (3\text{-}15\text{-}4)$$

式（3-15-4）表明：

（1）当d一定时，越靠中心的干涉圆环（θ_k越小），$\Delta\theta_k$越大，即干涉条纹中间稀边缘密。

（2）当θ_k一定时，d越小，$\Delta\theta_k$越大，即条纹将随着d的减小而变得稀疏。

2. 等厚干涉条纹和白光干涉条纹

如图 3-15-2 所示，当 M_1 和 M_2' 有一很小角度α，且 M_1、M_2' 所形成的空气楔很薄时，用扩展光源照明就出现等厚干涉条纹。等厚干涉条纹定域在镜面附近，若用眼睛观测，应将眼睛聚焦在镜面附近。

经过镜 M_1、M_2' 反射的两光束，其光程差仍可近似地表示为$\delta = 2d\cos\theta$（M_1 与 M_2' 交角很小时）。在镜 M_1、M_2' 相交处，由于$d = 0$，光程差为零，应观察到直线亮条纹，但由于光束（1）和（2）是分别在分光板 G_1 背面的内、外侧反射的，如图 3-15-2 所

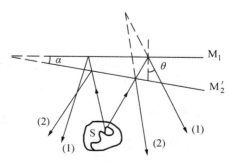

图 3-15-2 等厚干涉光路

示，光程差有半波损失。故 M_1 和 M_2' 相交处的干涉条纹（中央条纹）是暗的。

由于 θ 是有限的（决定于反射镜对眼睛的张角，一般比较小）$\delta = 2d\cos\theta \approx 2d(1 - \theta^2/2)$。在交棱附近，$\delta$ 中第二项 $d\theta^2$ 可以忽略，光程差主要决定于厚度 d，所以在空气楔上厚度相同的地方光程差相同，观察到的干涉条纹是平行于两镜交棱的等间隔的直线条纹。在远离交棱处，$d\theta^2$ 项（与波长大小可比）的作用不能忽视，而同一根干涉条纹上光程差相等，为使 $\delta = 2d(1 - \theta^2/2) = k\lambda$，必须用增大 d 来补偿由于 θ 的增大而引起的光程差的减小，所以干涉条纹在 θ 逐渐增大的地方要向 d 增大的方向移动，使得干涉条纹逐渐变成弧形，而且条纹弯曲的方向是凸向两镜交棱的方向。离交棱越远，d 越大，条纹也越弯曲。

由于干涉条纹的明暗决定于光程差 δ 与照明光源的波长 λ 间的关系，故若用白光作光源，则各种不同波长的光所产生的干涉条纹明暗互相重叠，一般情况下不出现干涉条纹。但在 M_1、M_2' 相交时，交线上 $d = 0$，此处对于各种波长，光程差皆为零（称为零光程位置），由于存在反射半波损失，所以中央条纹是一直线暗条纹，在它的两旁分布有几条彩色的直条纹。

3. 点光源照明产生的非定域干涉条纹

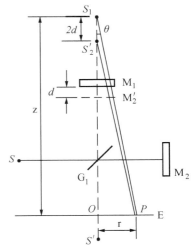

激光束经短焦距凸透镜会聚后得到点光源 S，它发出球面波照射迈克尔逊干涉仪，经 G_1 分束及 M_1，M_2 反射后射向屏 E 的光可以看成是由虚光源 S_1、S_2' 发出的。其中 S_1，为点光源 S 经 G_1 及 M_1 反射后成的像，S_2' 为点光源 S 经 M_2 及 G_1 反射后成的像（等效于点光源 S 经 G_1，及 M_2' 反射后成的像）。这两个虚光源 S_1、S_2' 所发出的两列球面波，在它们能够相遇的空间里处处相干，因此是非定域的干涉条纹。用平面的屏观察干涉条纹时，在不同的地点可以观察到圆、椭圆、双曲线、直线状时条纹（在迈克尔逊干涉仪的实际情况下，放置屏的空间是有限制的，只有圆和椭圆容易出现）。通常，把屏放在垂直于 S_1、S_2' 延长线和屏的交点 O 上。当 M_1，M_2' 平行，毛玻璃与 S_1、S_2'，连线垂直时，得到圆条纹。下面分析非定域圆条纹的特性。

图 3-15-3　非定域干涉光路

如图 3-15-3 所示，设 S_1、S_2' 到接收屏上任一点 P 的光程差为 $\delta = \overline{S'P_2} - \overline{S_1P}$。当 $r \ll z$ 时有：$\delta = 2d\cos\theta$，而 $\cos^2\theta \approx 1 - \theta^2/2$，$\theta = r/z$，所以

$$\delta = 2d\left(1 - \frac{r^2}{2z^2}\right) \tag{3-15-5}$$

r 一定，则光程差 δ 相同，可知接收屏的干涉条纹为以 O 为圆心的圆环。

1）亮纹条件

当光程差 $\delta = k\lambda$ 时，为亮纹，其轨迹为圆。

$$2d\left(1 - \frac{r^2}{2z^2}\right) = k\lambda \tag{3-15-6}$$

可见，z、d 不变，则 r 越小，k 越大，即靠中心的条纹干涉级次高，靠边缘（r 大）的条纹干涉级次低。

2）条纹间距

令 r_k 及 r_{k+1} 分别为两个相邻干涉环的半径，根据式（3-15-6）有

$$2d\left(1-\frac{r_k^2}{2z^2}\right)=k\lambda\ ; \quad 2d\left(1-\frac{r_{k+1}^2}{2z^2}\right)=(k+1)\lambda$$

两式相减，得干涉条纹间距 Δr

$$\Delta r=r_k-r_{k-1}\approx\frac{\lambda z^2}{2r_k d} \tag{3-15-7}$$

由式（3-15-7）可知，条纹间距 Δr 的大小由 4 种因素决定：

（1）越靠近中心的干涉圆环（半径 r_k 越小），Δr 越大，干涉条纹中间稀边缘密。

（2）d 越小，Δr 越大，即 M_1 与 M_2' 的距离越小条纹越稀，距离越大条纹越密。

（3）z 越大，Δr 越大，即点光源 S，接收屏 E 及 M_1（M_2）镜离分光板 G_1 越远，则条纹越稀。

（4）波长 λ 越长，Δr 越大，条纹越稀。

4. 光源的时间相干性

时间相干性是光源相干程度的一个描述。考虑等倾干涉条纹时视场中心处入射角 $\theta=0$ 的情况。这时光束（1）和光束（2）的光程差 $\delta=2d$，d 为镜 M_1 与 M_2' 的距离。

对于任何一种光源，都存在一个 d_m 值，当 $d\geqslant d_m$ 时，视场中一片模糊，看不到干涉条纹，只有当 $d<d_m$ 时，干涉条纹才能出现，不同光源的 d_m 值不同，即能够产生干涉条纹的最大光程差 $\delta_m=2d_m$ 不同，δ_m 称为该光源的相干长度，相干长度除以光速 c 称为相干时间，用 t_m 表示。

光源存在一定的相干长度和相干时间可作如下解释：因为原子的发光是断续的、无规则的，所以任何光源发射的光波都是一连串有限长的波列，在迈克尔逊干涉仪中，每个波列由 G_1 的半反膜分成两个分波列，只有当这两个分波列同时在观察屏 E 点处并存时，才能叠加形成干涉，当光程差 δ 过大时，某一分波列已通过 E 点，而另一分波列却尚未到达。二者不相遇，因此形不成干涉。光源单色性越好，其发射的波列就越长，在较大的 δ 情况下还能形成干涉，即相干长度较长。

上述问题的另一种解释是，实际光源发射的都不是理想单色光，而是有一个波长范围，光的能量分布在 $\lambda_0-\Delta\lambda/2$ 到 $\lambda_0+\Delta\lambda/2$ 波段范围内，λ_0 称为中心波长，$\Delta\lambda$ 称为谱线宽度。一个光波实际上是由波长在 $\lambda_0-\Delta\lambda/2$ 到 $\lambda_0+\Delta\lambda/2$ 之间的无限多个单色理想谐波组成的，形成干涉时，每一个理想谐波都有自己的一套干涉条纹，光程差 δ 较小时，各套条纹近于重叠在一起，这时条纹亮暗对比明显看得清晰。随着 d 的增大，光程差 δ 增大，波长为 $\lambda_0-\Delta\lambda/2$ 的干涉条纹的某级干涉极大逐渐和波长为 $\lambda_0+\Delta\lambda/2$ 的同级干涉极大错开，整个视场的可见度逐渐减小，当两套条纹错开一个条纹间距时，干涉条纹完全消失，可见度为零，这时有

$$\delta_{\mathrm{m}} = k\left(\lambda_0 + \frac{\Delta\lambda}{2}\right) = (k+1)\left(\lambda_0 - \frac{\Delta\lambda}{2}\right) \tag{3-15-8}$$

由式（3-15-8）可得

$$k \approx \frac{\lambda_0}{\Delta\lambda} \tag{3-15-9}$$

$$\delta_{\mathrm{m}} \approx \frac{\lambda_0^2}{\Delta\lambda} \tag{3-15-10}$$

式（3-15-10）为相干长度的计算式，定义光源的相干时间为

$$t_{\mathrm{m}} = \frac{\delta_{\mathrm{m}}}{c} = \frac{\lambda_0^2}{c \cdot \Delta\lambda} \tag{3-15-11}$$

由式（3-15-11）可知，光源的单色性越好，$\Delta\lambda$ 越小，相干长度 δ_{m} 就越长。上述两种解释是完全一致的。

【实验内容】

1. 利用等倾干涉条纹测钠光波长

（1）使 M_1，M_2 镜与 G_1 板的距离大致相等（拖板上的标志线大约指在主尺的 3.5 cm 位置），使钠光灯发出的光射于 G_1 板上。在钠光灯罩窗口上插入针孔板，在图 3-15-3 所示的 E 处朝 G_1 观察，可以看到两组针孔像：一组是 M_1 镜反射产生的，另一组是 M_2 镜反射产生的。

（2）细心调节调整 M_2 镜后的 3 个螺钉，使两组针孔像重合（主要看两组中最亮的那个主点重合）。为了减少调整时的困难。一般将 M_1 镜固定，即 M_1 镜后的 3 个螺钉不轻易乱动。若调整 M_2 镜后的 3 个螺钉不能使针孔像两两重合时，再仔细调整 M_1 镜后的螺钉。只要 M_1 及 M_2 镜后的 6 个螺钉互相配合，一般是能够调整好的。

（3）将钠光灯罩窗口换成毛玻璃片，此时可看到明暗相间的干涉条纹。如果经上述调整后，还看不到条纹，或干涉条纹很模糊，可以轻轻地转动粗调手轮半圈左右，使 M_1 镜移动一下位置，干涉条纹就会出现。

（4）看到干涉条纹后，再仔细地调节 M_2 镜的两个拉簧螺钉，可使条纹中心按需要移到视场中央，此时将看到较为清楚的明暗相间的圆形条纹。若观察者眼睛上下左右移动，各圆条纹的大小不变，仅圆心随着眼睛的移动而移动时，即为定域干涉现象。

（5）当圆形条纹调节完成后，再慢慢转动微动手轮，可以观察到视场中条纹向外一个一个地"涌出"或向内一个一个地"陷入"中心。

（6）选定干涉环清晰的区域后，调节仪器的零点，轻轻旋转微动手轮（注意：要与调零点时的旋转方向相同），每"涌出"（或"陷入"）50 个干涉环记录一次 M_1 镜的位置，连续记录 6 次，根据式（3-15-3）用逐差法求出钠光的波长，并与标准值进行比较。

2. 观察等厚干涉条纹

慢慢转动粗调手轮，使干涉圆环逐渐向圆心"陷入"，同时会看到条纹由细变粗，由密变疏，直到整个视场条纹变成等轴双曲线形状时，说明 M_1 与 M_2' 已十分靠近。这时调节

M_2 镜的拉簧螺钉，使 M_2' 与 M_1 有一很小的夹角，视场中出现直线形平行干涉条纹，记录条纹的特点。

3. 观察白光的等厚彩色条纹

在调出等厚干涉条纹的基础上，同时用白炽灯照明毛玻璃（钠光灯不要熄灭），细心缓慢地旋转微动手轮，在 M_1 与 M_2' 达到"零光程"附近时就会出现彩色条纹，此时可挡住钠光，再极小心地旋转微调手轮找到中央暗条纹，记录观察到的条纹形状和颜色分布。

4. 利用白光干涉条纹测量透明介质的折射率

调出白光的等厚干涉条纹后，使其中央暗条纹位于视场中央，这时在分光板与动镜 M_1 的光路中放置一片待测其折射率的透明介质（胶片或薄玻璃片,通过测量支架放置于拖板上），仔细调整待测介质的方位，使与 M_1 平行。设介质的厚度为 b，折射率为 n，空气的折射率为 n_0，则光束（1）与光束（2）的光程差为

$$\delta = 2b(n - n_0)$$

若将 M_1 镜前移 Δd，使 $\Delta d = \delta/2$，则白光条纹将重新出现，测出 Δd，可按下式计算出待测介质的折射率

$$n = 1 + \frac{\Delta d}{b}$$

待测介质的厚度 b 可用其他方法测量出，如劈尖的方法。反之若已知待测介质的折射率也可用此方法测量其厚度。

5. 观察非定域干涉条纹，测量氦氖激光波长

点亮氦氖激光器，在 E 处放一观察屏，即可看到两排激光光斑，每排都有几个光点。调节 M_2 镜后的 3 个螺钉使两排光点中最亮的两个光点大致重合，则 M_2' 与 M_1 平行。此后用短焦距凸透镜扩展激光束，即能在观察屏上看到弧形条纹。再调节 M_2 镜的两个拉簧螺钉使 M_2' 与 M_1 趋于严格平行，弧形条纹逐渐变为圆形条纹。在弧形条纹变为圆形条纹的调节进程中，应仔细观察条纹的变化情况。改变 M_2' 与 M_1 之间的距离，根据条纹形状、宽度的变化情况，判断 d 是变大还是变小，并记录条纹变化情况。

使 M_1 与 M_2' 间的距离恰当，即可在观察屏上观察到明暗相间、疏密适度的同心同环状干涉条纹。若圆环中心条纹有上下或左右的偏移，可调整 M_2 镜的微调螺钉，使条纹中心位于视场正中。转动干涉仪右侧的微动手轮，使 M_1 镜移近（或远离）M_2'，当圆形条纹开始收缩（或向外"涌出"）时，记下此时 M_1 境的位置坐标。每"陷入"（或"涌出"）100 个干涉环记录一次 M_1 镜的位置，连续记录 3 次，根据式（3-15-3）用逐差法求出氦氖光的波长，并与标准值进行比较。

【注意事项】

（1）测量中只能单向移动 M_1 镜。

（2）干涉仪属精密光学仪器，要注意保护光学器件工作面和机械传动装置。

【思考题】

1. 迈克尔逊干涉仪的工作原理是怎样的？迈克尔逊干涉仪调节的关键点是什么？
2. 如何利用干涉条纹的"涌出"和"陷入"测定光波的波长？
3. 观察等厚干涉条纹时，能否用点光源？
4. 分析扩束激光和钠光产生的圆形干涉条纹的差别。

实验 16　用菲涅耳双棱镜测定光波波长

【实验目的】

（1）进一步学会调整复杂光路的方法；
（2）掌握用双棱镜获得双光束干涉的方法，学习用干涉法测量波长；
（3）掌握产生干涉的条件，从而能对双缝干涉实验中出现的现象作出解释。

【实验仪器】

光具座、菲涅耳双棱镜、单缝、钠灯、凸透镜两块、测微目镜等。

【实验原理】

菲涅耳双棱镜是利用单色光产生干涉的著名光学实验装置之一。由菲涅耳双棱镜产生的干涉现象在历史上曾是证明光的波动性的典型实验，其光路如图 3-16-1 所示。S 是细缝光源（缝的方向垂直于图面），由它发出的光经双棱镜 F（其棱与光缝 S 平行）折射后，可形成不同方向的两束光。按折射定律，可确定由 F 产生的细缝 S 的两个虚像 S_1 和 S_2，这就是两个相干的虚光源。

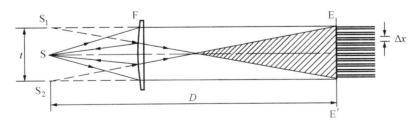

图 3-16-1　双棱镜干涉

当细缝的宽度达到一定的限度时，就在由 S_1 和 S_2"发出"的两束光的重叠区域内产生清晰的明暗相间的干涉条纹，在屏 EE′上呈现条纹的间隔 Δx 由下式决定

$$\Delta x = \frac{D\lambda}{t}$$

（3-16-1）

式中，D 是由光源（S_1 和 S_2）到屏 EE′ 的距离；t 是二虚光源的间距；λ 是入射光的波长。因此

$$\lambda = \frac{t}{D}\Delta x \qquad\qquad (3\text{-}16\text{-}2)$$

可见，只要测出 Δx、t 及 D，就可算出入射光的波长 λ。

做好这个实验的关键是调整光路，使各元件达到等高共轴。可按如下步骤进行：

（1）在光具座的一端放带光窗的钠光灯 Q，如图 3-16-2 所示，另一端放置测微目镜 E，仔细调整使之等高。然后把它们分别固定，且使由光窗射出的光对称地照射在测微目镜 E 上。

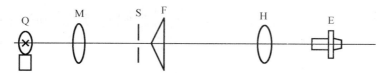

图 3-16-2　双棱镜干涉仪器安装图

（2）把焦距为 10 cm 左右的聚光透镜 M 放在光具座上，调整其高度，使光窗通过透镜所成的大小像的位置均在测微目镜视场的中央（可用白纸屏接收观察）。此时，Q、M、E 三者已调至等高共轴。随即把 M 固定在距光源两倍焦距外的地方。

（3）M 后面放单缝 S，使钠光灯经透镜汇聚在狭缝的中央；然后把单缝固定，不可再动。

（4）把双棱镜 F 放在光具座上，距单缝平面 3～10 cm。在测微目镜前面（紧贴入口）放一纸屏，打开单缝，使光照射在双棱镜 F 上。再调节双棱镜的高度及左右位置，并转动镜面的方位，便可在纸屏上看到一狭窄亮区。继续调整 F 使这一亮区处于测微目镜视场中央，即可把 F 暂时固定。

（5）调节单缝宽度及双棱镜棱脊的方向（通过棱镜上的螺丝来进行），同时用眼睛在测微目镜中观察，直到能在整个视场中清晰地看到 10 条以上的干涉条纹为止，便可以进行测量了。

【实验内容】

（1）测量干涉条纹的间距 Δx，要连续测量 8 条以上条纹的总间距，再除以总条数，测 3 次取平均值。

（2）用米尺量出从单缝 S 到测微目镜分度板面的距离（约在鼓轮中央）。测一次，定出最大误差。

（3）测定二虚光源的间距 t。把焦距为 $f_H = 12$ cm 左右的凸透镜 H 放在光具座上。移动测微目镜，使它与单缝之间的距离略大于 $4f_H$（能否改变单缝与双棱镜间的间距？）。然后调整透镜的高度及左右位置，使二虚光源通过透镜所成的大小像都在测微目镜视场的中央，最后分别把大小像调整清楚，测出二虚光源所成实像的间距 t_1、t_2，利用公式 $t = \sqrt{t_1 t_2}$，即可以算出二虚光源的间距，测量 3 次取平均值。

（4）根据以上实验数据，利用式（3-16-2）计算波长 λ。

【注意事项】

（1）使用测微目镜时，必须弄清准确度及鼓轮转动时读数增大的方向和标记"※"移动方向的关系，并选取合适的初始点。

（2）一次测量中鼓轮只能向同一个方向转动，不能中途倒转。

（3）通过测微目镜看到的测量目标与测量标记刻线间应无视差。

（4）在测量中，如果标记线到达刻度线零点，应立即返回，不可继续向前转动，以免损坏仪器。

【思考题】

1. 调整光路的关键是什么？

2. 若观察到的干涉条纹模糊不清，应从哪些方面找原因？

3. 在测虚光源的像间距时，如果从目镜中只观察到一条亮线，应调节哪个光学元件？为什么让狭缝到目镜叉丝板的距离略大于 $4f$？而不是远大于 $4f$？

4. 本实验产生误差的主要原因有哪些？

第 4 章　综合性实验

综合性实验是在基础性实验的基础上，把力学、热学、电学、光学的有关知识或有关测量仪器综合加以应用，训练学生对实验装置的安装和调整、实验条件的控制、现象的观察与测量、故障的分析与排除能力等等，以进一步提高学生的综合素质和操作能力，为今后的设计性实验和研究性实验打下良好的基础。

实验 17　用拉伸法测定金属材料的杨氏弹性模量

杨氏弹性模量是描述固体材料抵抗形变能力的重要物理量，在工程技术中又叫刚度，是选定机械构件材料的依据之一，是工程技术中常用的设计参数。

测定杨氏弹性模量的方法很多，包括静态法、动态法（共振法）、梁弯曲法、拉伸法以及其他一些测量方法。本实验介绍拉伸法，利用光杠杆放大原理装置来测量金属丝的杨氏弹性模量。

【实验目的】

（1）用拉伸法测定金属丝的杨氏弹性模量；
（2）掌握光杠杆原理及使用方法；
（3）学会用逐差法处理实验数据。

【实验仪器】

杨氏模量测定仪、光杠杆、尺度望远镜、螺旋测微计、游标卡尺、米尺、砝码、金属丝。

【实验原理】

在外力作用下，固体所发生的形状变化，称为形变。它可以分为弹性形变和范性形变（又称非弹性形变）两类。外力撤除后物体能完全恢复原状的形变，称为弹性形变。如果加在物体上的外力过大，以至外力撤除后，物体不能完全恢复原状，而留下剩余形变，就称之为范性形变。在本实验中，只研究弹性形变。为此，应当控制外力的大小，以保证此外力撤除后物体能恢复原状。

最简单的形变是棒状物体（或金属丝）受外力后的伸长与缩短。设一物体长度为 L，横截面积为 S。沿长度方向施加力 F 后，物体的伸长（或缩短）为 ΔL。比值 F/S 是单位面积上的作用力，称为应力，它决定了物体的形变；比值 $\Delta L/L$ 是物体的相对伸长，称为应变，它表示物体形变的大小。按照胡克定律，在物体的弹性限度内应力与应变成正比，即

$$\frac{F}{S} = Y\frac{\Delta L}{L}$$

其比例系数为

$$Y = \frac{F/S}{\Delta L/L} = \frac{F \cdot L}{S \cdot \Delta L} \tag{4-17-1}$$

式（4-17-1）中的 Y 称为杨氏弹性模量。

实验证明，杨氏弹性模量与外力 F、物体的长度 L 和横截面积 S 的大小无关，只决定于棒（或金属丝）的材料，它是表征固体性质的一个物理量。

根据式（4-17-1），测量出等式右端的各量后，便可以计算出杨氏弹性模量。其中 F、L、S 可用一般的方法测量，唯有伸长量 ΔL 的值很小，使用一般工具不易准确测量。因此，本实验采用光杠杆法测定微小伸长量 ΔL。

用光杠杆测定微小伸长量 ΔL 的装置如图 4-17-1 所示，它的原理如图 4-17-2 所示。根据光杠杆原理（具体推导过程参见实验 20）得

$$\Delta L = \frac{\left| a_2 - a_1 \right| d_1}{2d_2} = \frac{d_1}{2d_2} \cdot \Delta x \tag{4-17-2}$$

伸长量 ΔL 原是很难准确测量的微小长度，但当取 $d_2 \gg d_1$ 后，经光杠杆转换后的 Δx（可用 N 表示）却是较大的量，可以从尺度望远镜的标尺上直接读得。光杠杆装置的放大倍数为 $2d_2/d_1$。

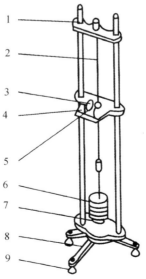

1—金属丝上夹头；2—金属丝；3—光杠杆；4—工作平台；5—下夹头；
6—砝码；7—砝码盘；8—三脚架；9—调整螺丝。

图 4-17-1　杨氏模量装置

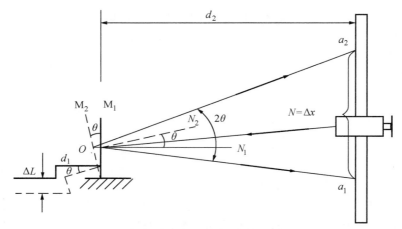

图 4-17-2 实验装置原理图

设金属丝的直径为 d，则金属丝的横截面面积为

$$S = \frac{1}{4}\pi d^2 \qquad (4\text{-}17\text{-}3)$$

将式（4-17-2）和式（4-17-3）代入式（4-17-1）得

$$Y = \frac{8FLd_2}{\pi d^2 N d_1} \qquad (4\text{-}17\text{-}4)$$

式（4-17-4）中，F 为伸长量为 N 时所加的外力。

【实验内容】

（1）按图 4-17-1 安装仪器后，调节三角座底部的 3 个调整螺丝，使平台达到水平（可用水准器检查），望远镜与光杠杆的最短距离约为 1 m。

（2）调整被测金属丝的长度，使金属丝的长度 L 为某一尺寸（可用米尺测量）。调整时用手拉住金属丝的上端，旋松金属丝的上夹头，即可调整被测金属丝的长度。

（3）将光杠杆放在工作台上，二前足尖在工作平台的横槽内，后足尖放在金属丝的下夹头上，但不与金属丝相碰，并使光杠杆的平面镜与工作平台垂直。

（4）望远镜的调节。① 使平面镜的镜面与工作平台垂直，再调节望远镜的镜筒处于水平，并且与平面镜镜面等高。② 对望远镜聚焦。调节调焦手轮，直到在望远镜里能清楚地看到标尺的像和十字叉丝，并且当眼睛上下移动时，十字叉丝与标尺的刻度之间没有相对移动（即无视差）。③ 记录初始位置。先在砝码盘中加上砝码，使金属丝自然伸直，再取下砝码，待稳定后通过望远镜读出叉丝对准的标尺刻度线，此刻度值为第一刻度值 x_0。

（5）按顺序增加砝码（每次增加 1 kg），从望远镜中观察标尺刻度的变化，并依次记下相应的刻度值 x_1，x_2…；然后按相反顺序将砝码取下，记录相应的标尺读数 x_1'，x_2'…。

（6）取同一负荷下标尺的平均值 $\bar{x}_0$，$\bar{x}_1$，$\bar{x}_2$，…，用逐差法计算伸长量 N（注意明确 N 的含义），记录数据。

（7）用螺旋测微计测量金属丝的直径 d，要求在金属丝加载重物前、后及上、中、下不同位置处测量 6 次，记录数据。

（8）用米尺测量平面镜到标尺的距离 d_2。取下光杠杆，在纸上压出 3 个足尖的痕迹，用游标卡尺测量光杠杆后足尖到二前足尖连线的垂直距离 d_1。

（9）将上述实验数据代入式（4-17-4）计算金属丝的杨氏弹性模量 Y，其中 F 为 4 个砝码的重力（为什么？）。

（10）计算金属丝杨氏弹性模量的不确定度 $u(Y)$，写出其测量结果 $Y = \overline{Y} \pm u(Y)$（单位），查阅书后附录，说明金属丝是何种材料。

【注意事项】

（1）加载负荷时一定不可超过金属丝的弹性限度（不超过仪器所备砝码），否则上述计算公式就不成立。

（2）实验仪器一旦调好并开始测量后，不能再碰动实验仪器，否则，实验要重新开始。（为什么？）

（3）加减砝码一定要轻拿轻放，并稳定后再读数。

（4）观察标尺和读数时，眼睛要正对望远镜，不得忽高忽低引起视差。

【思考题】

1. 材料相同，但粗细、长度不同的两根金属丝，它们的杨氏弹性模量是否相等？为什么？

2. 本实验中共测量了几个长度量？分别使用了哪些测长仪器？选择它们的依据是什么？

3. 用逐差法处理数据有什么好处？怎样的数据才能用逐差法处理？

4. 本实验中，你是如何考虑尽量减小系统误差的？

实验 18　声速的测量

【实验目的】

（1）了解超声波产生和接收的原理；

（2）测定超声波在空气中的传播速度；

（3）进一步熟悉数字频率计、低频信号发生器和示波器的使用方法。

【实验仪器】

低频信号发生器、数字频率计、压电陶瓷超声换能器（一对）、示波器、游标卡尺等。

【实验原理】

1. 声波在空气中的传播速度

声波是一种在弹性媒质中传播的纵波。声波在理想气体中的传播速度为

$$v = \sqrt{\frac{\gamma RT}{\mu}} \qquad\qquad (4\text{-}18\text{-}1)$$

式（4-18-1）中，γ 为比热容比，即 $\gamma = \dfrac{C_p}{C_v}$，气体定压比热容与定容比热容的比值；$\mu$ 为气体的摩尔质量；T 为气体的绝对温度，R 为普适气体常数（$R = 8.314\,\mathrm{J \cdot mol^{-1} \cdot K^{-1}}$）。

$$T = T_0 + t = T_0\left(1 + \frac{t}{T_0}\right)$$

$$v = \sqrt{\frac{\gamma RT}{\mu}} = \sqrt{\frac{\gamma RT_0}{\mu}} \cdot \sqrt{1 + \frac{t}{T_0}} = v_0\sqrt{1 + \frac{t}{T_0}} \qquad\qquad (4\text{-}18\text{-}2)$$

式（4-18-2）中，t 为摄氏温度，$T_0 = 273.15\mathrm{K}$，v_0 为 $t = 0\,^\circ\mathrm{C}$ 时的声速，且 $v_0 = 331.45\,\mathrm{m \cdot s^{-1}}$。

式（4-18-2）表明：理想气体的传播速度与发声体的频率无关。

2. 测量声速的实验方法

声波的传播速度 v 与声波的频率 f 和波长 λ 的关系为

$$v = \frac{\lambda}{T} = \lambda \cdot f \qquad\qquad (4\text{-}18\text{-}3)$$

式（4-18-3）中，声波的频率 f 是发射换能器的谐振频率，而该频率等于信号源输出电压信号的频率，它可以通过信号源直接读出；声波的波长 λ 则可采用下面两种不同的方法进行测量。

1）共振干涉法（驻波法）

设有一从发射器发出的一定频率的平面波，经空间传播，到达接收器，经接收器反射后，在两端面间来回反射并且叠加，其结果使空气媒质形成驻波（近似）。当两端面间的距离满足一定条件时，驻波的波幅达到极大，发射器（声源）和接收器之间产生共振现象。当发生共振现象时，接收器端面（波节）接收到的声压最大，经接收器转换成的电信号也最强。改变发射器（声源）和接收器之间的距离，在一系列特定的位置上形成稳定的驻波干涉，相邻两波腹之间的距离为半波长 $\lambda/2$，利用 $v = \lambda \cdot f$ 即可计算声速。

实验装置如图 4-18-1 所示。图中的 S_1 和 S_2 是两只压电陶瓷超声换能器，S_1 与信号发生

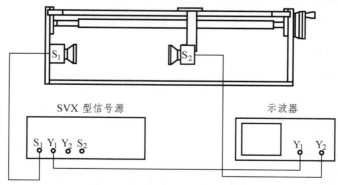

图 4-18-1 共振干涉法实验装置图

器连接作为超声波源，S_2 作为接收器与示波器相连，显示接收声压的大小。当 S_1、S_2 对某一频率共振时，S_1 的发射效率和 S_2 的接收效率最高。移动 S_2，由于 S_2 端面的反射，凡 S_1 与 S_2 两端面之间的距离为 $\lambda/2$ 的整数倍时，S_1、S_2 间将形成驻波。此时，以移动接收器 S_2，用在其反射面处声压最大值的出现与否，来判断驻波是否形成。

拉动与接收器 S_2 联动的卡尺游标，改变两只换能器端面之间的距离，同时监测接收换能器输出电压幅度的变化，记录相邻两次出现最大电压数值时卡尺的读数，则两个读数 x_1、x_2 之差的绝对值应等于声波波长的 1/2，即 $|x_1 - x_2| = \lambda/2$。若保持声源频率不变，移动接收器 S_2，依次测出接收信号极大的位置 x_1，x_2，x_3，x_4…，如图 4-18-2 所示，用分组求差法求出波长 λ。声波的频率由频率计从发射换能器的激励电压信号测出，据公式 $v = \lambda \cdot f$ 即可计算声速。

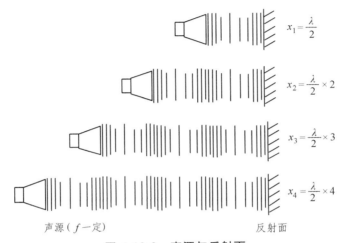

图 4-18-2　声源与反射面

2）相位比较法

由发射器（即声源）发出的声波在空气中传播时，将引起空气媒质各点振动。任一点的振动频率 f 与发射器的振动频率相同，其振动相位与发射器振动相位之差 $\Delta\varphi$ 与时间无关，即

$$\Delta\varphi = 2\pi f \frac{x}{v} = 2\pi \frac{x}{\lambda} \qquad (4\text{-}18\text{-}4)$$

式（4-18-4）中，v 为声速；x 为该点至发射器的距离；λ 为声波波长。

若在距离声源 x_1 处的某点，其振动与发射器的振动反相，相差为 $\Delta\varphi_1 = (2k-1)\pi$（其中 k 为正整数），与之相邻的同相点（距声源的距离为 x_2）的相差为 $\Delta\varphi_2 = 2k\pi$，由式（4-18-4）有：$x_2 - x_1 = \lambda/2$，这就是说，沿着波的传播方向，相邻的与发射器同相点的位置与反相点的位置之间相距半个波长。

根据这一结论，实验时我们只需要将接收器从发射器附近缓慢移开，通过示波器依次找出一系列与发射器同相和反相的点的位置 x_1，x_2，x_3，x_4…，用分组求差法求出波长 λ。

相位差 $\Delta\varphi$ 的测定可用示波器观察李萨如图形的方法进行。如图 4-18-1 所示，将发射器 S_1 与接收器 S_2 的信号分别输入示波器的 x 端（CH$_1$）和 y 端（CH$_2$），移动接收器 S_2（即改变 x），相位差 $\Delta\varphi$ 将改变，一般情况下，示波器上将出现不同的形状的椭圆，但当接收器的振

125

动与发射器的振动同相时，李萨如图形则变成斜向右上方的直线（称为同相线）；当它们反相时，李萨如图形则变成斜向右下方的直线（称为反相线），如图 4-18-3 所示，据此可依次找出各同相点和反相点的位置。

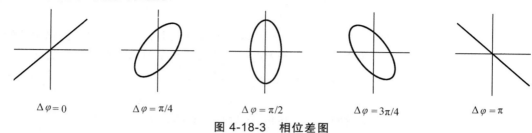

$\Delta\varphi=0$　　　　$\Delta\varphi=\pi/4$　　　　$\Delta\varphi=\pi/2$　　　　$\Delta\varphi=3\pi/4$　　　　$\Delta\varphi=\pi$

图 4-18-3　相位差图

【实验内容】

1. 调整测试系统的谐振频率

（1）按图 4-18-1 所示接线，将信号发生器的电压输出端与声速测量仪的发射器相连；将声速测量仪的接收器与示波器的 y 输入端相连。

（2）按下信号发生器的电源开关和正弦输出波形对应的按钮，将频率范围选择开关中 300 kHz 对应的按钮按下，调节频率旋钮，使显示窗口显示的输出信号频率为 40 kHz 左右。

（3）按下示波器的电源开关和对应的垂直方式按钮，调节扫描速度和垂直衰减器，使显示屏上显示稳定的正弦波形；在发射器 S_1 和接收器 S_2 距离最近的情况下，进一步调节频率旋钮，使示波器的波形最大。记下此时数字频率计的读数，即为系统的谐振频率。

2. 在谐振频率用共振干涉法测声速

（1）保持数字频率计的读数（即系统的谐振频率）不变的情况下，旋转带刻度的手轮移动接收器 S_2，逐渐增大发射器 S_1 和接收器 S_2 之间的距离，按顺序找出各声压最大的点的位置 x_i，记录 10 组数据，填入设计的表格中，用逐差法求出波长的平均值，并算出声速 $v_{测}=\lambda\cdot f$。

（2）用温度计测出室温 t，代入公式 $v=v_0\sqrt{1+\dfrac{t}{T_0}}$，计算声速的理论值 $v_{理}$。

（3）计算相对误差 $\varepsilon=\dfrac{\left|v_{测}-v_{理}\right|}{v_{理}}\times100\%$。

3. 在谐振频率处用相位比较法测声速

（1）按图 4-18-1 所示接线，将信号发生器的电压输出端和发射器的输入端并接到示波器的 x 输入端（CH$_1$），将接收器的输出端接到示波器的 y 输入端（CH$_2$）。

（2）拉出 CH$_1$ 的位移调节钮，在荧光屏上便显示出两个同频率、相互垂直的谐振动的叠加图形——李萨如图形（一般为椭圆）。

（3）移动接收器，逐渐增大发射器和接收器之间的距离，记下李萨如图形为直线（包括斜向右下方和斜向右上方的直线）时接收器的位置 x_i'。

（4）记录 10 组数据，用分组求差法（逐差法）求出波长 λ 的平均值。

（5）计算声速 $v_{测}$，并与理论值比较计算声速的相对误差。

【思考题】

1. 实验前为什么要调整测试系统的谐振频率？怎样进行调整？
2. 在实验中，能否固定发射器与接收器之间的距离，通过改变频率测定声速？
3. 用逐差法处理数据的优点是什么？

实验 19　弦线驻波的研究

【实验目的】

（1）观察弦线振动时形成的驻波；
（2）用两种方法测量弦线上横波的传播速度，比较两种方法测得的结果；
（3）验证弦振动的波长与张力之间的关系。

【实验仪器】

电振音叉（频率约为 100 Hz）、弦线、分析天平、滑轮、砝码、低压电源、米尺。

【实验原理】

1. 弦线上横波的传播速度

如图 4-19-1 所示，将细弦线的一端固定在电振音叉的一个叉子的顶端，另一端绕过滑轮系在载有砝码的砝码盘上。闭合开关后，调节音叉断续器的接触点螺丝，使音叉维持稳定的振动，并将其振动沿弦线向滑轮一端传播，形成横波。当横波到达滑轮处产生反射，由于前进波与反射波能够满足相干条件，在弦线上形成驻波，而任意两个相邻的波节（或波腹）间的距离都为波长的一半。若适当调节弦线的长度 l（音叉的一个叉子的顶端到滑轮轴间的距离）或砝码的质量，使驻波振幅最大且稳定，即弦与音叉共振。设此时弦上有 n 个半波区，则有：$\lambda/2 = l/n$，即 $\lambda = 2l/n$，弦线上的波速 v 为

$$v = f\lambda = f\frac{2l}{n} \tag{4-19-1}$$

其中 f 为该横波的频率。

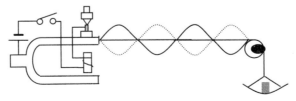

图 4-19-1　弦振动实验安装图

由波动理论可以证明，横波沿着一条张紧的弦线传播时，波速 v 与弦线的张力 F_T、线密度 ρ（单位长度的质量）间的关系为

$$v = \sqrt{\frac{F_T}{\rho}}$$

（4-19-2）

2. 弦振动规律

将 $v = f\lambda$ 代入式（4-19-2）得

$$f\lambda = \sqrt{\frac{F_T}{\rho}}$$

即

$$\lambda = \frac{1}{f}\sqrt{\frac{F_T}{\rho}}$$

（4-19-3）

式（4-19-3）表示，以一定频率 f 振动的弦，其波长 λ 将因张力 F_T 和线密度 ρ 的变化而变化的规律。

再将 $v = f\dfrac{2l}{n}$ 代入式（4-19-2），整理后得

$$f = \frac{n}{2l}\sqrt{\frac{F_T}{\rho}}$$

（4-19-4）

式（4-19-4）表示，对于弦长 l、张力 F_T 和线密度 ρ 一定的弦，其自由振动的频率不止一个，而是包括相当于 $n = 1, 2, 3\cdots$ 的 f_1，f_2，$f_3\cdots$ 等多种频率，$n = 1$ 的频率称为基频，$n = 2, 3$ 的频率称为第一、第二谐频，但基频较其他谐频要强得多，因此基频决定弦的频率，而各谐频则决定它的音色。振动体有一个基频和多个谐频的规律不只是弦线上存在，而是普遍的现象。但基频相同的各振动体，其各谐频的能量分布可以不同，所以音色不同。例如，具有同一基频的弦线和音叉，其音调是相同的，但听起来声音不同就是这个道理。

当弦线在频率为 f 的音叉策动下振动时，适当改变弦长 l、张力 F_T 和线密度 ρ，则可能和强迫力发生共振的不一定是基频，而可能是第一、第二、第三……谐频，这时弦上出现 2，3，4…个半波区。

【实验内容】

1. 测量弦的线密度

取 2 m 长的线（线的情况与实验用的弦线相同），在分析天平上称其质量，求出线密度 ρ。

2. 观察弦线上驻波的形成和波形，以及波长的变化

（1）安装调试实验装置。如图 4-19-1 所示，接通电源后，调节接触点螺钉，使音叉振动。

（2）改变弦线长（移动音叉来实现）或砝码质量，使之产生振幅最大且稳定的驻波，改变多次，观察波形、波长的变化情况。

3. 验证弦上横波的波长 λ 与张力 F_T 的关系

保持弦线长 l 基本不变，改变砝码的质量，再细调弦长使其出现共振（振幅最大且稳定），测出此时的弦长 l，算出让半波数 $n = 5$，4，3，2，1 时所对应的张力 F_T（F_T 等于砝码和砝码盘的总重量，改变 5 次 F_T 的值）及波长。

将式（4-19-3）两边取对数，得

$$\ln \lambda = \frac{1}{2} \ln F_T - \left(\ln f + \frac{1}{2} \ln \rho \right) \quad\quad （4-19-5）$$

从式（4-19-5）可知，$\ln \lambda$ 与 $\ln F_T$ 间是线性关系。

利用测量值，作 $\ln \lambda$-$\ln F_T$ 图线，求出图线的斜率和纵轴截距，将斜率和 $\frac{1}{2}$ 相比较，将截距与 $-\left(\ln f + \frac{1}{2} \ln \rho \right)$ 相比较，说明其差异是否过大？

4. 比较两种波速的计算值

从以上测量中，选取合适的数据，代入式 $v = f\lambda = f \dfrac{2l}{n}$ 和式 $v = \sqrt{\dfrac{F_T}{\rho}}$ 中，计算出理论上应当相等的两个速度值，说明其差异是否显著。

5. 计算弦振动的频率

从测量记录中，选一组数据代入式 $f = \dfrac{n}{2l} \sqrt{\dfrac{F_T}{\rho}}$ 中，计算出弦振动的频率，说明它和已知音叉频率的差异是否显著。

注意：音叉的振幅尽可能小些为好，因为测量时音叉端被看成节点。

【思考题】

1. 本实验中，改变音叉频率，会使波长变化还是波速变化？改变弦线长度时，频率、波长、波速中那个量随之变化？改变砝码质量时情况又怎样？

2. 调出稳定的驻波后，欲增加半波数的个数，应增加砝码还是减少砝码？是增长还是缩短弦线长度？

3. 增大弦的张力时，如线密度 ρ 有变化，对实验将有何影响？能否在实验中检查 ρ 的变化？

实验 20　金属线胀系数的测定

（一）利用光杠杆测定金属的线胀系数

【实验目的】

（1）掌握测量固体线膨胀系数的基本原理；

（2）掌握光杠杆测量金属棒的线胀系数的方法。

【实验仪器】

线胀系数测定装置、光杠杆、尺度望远镜、温度计、钢卷尺、游标卡尺、蒸汽发生器、待测金属棒等。

【实验原理】

1. 固体的线膨胀系数

固体的长度一般随温度的升高而增加，其长度 l 和温度 t 之间的关系为

$$l = l_0(1 + \alpha t + \beta t^2 + \cdots) \tag{4-20-1}$$

式（4-20-1）中，l_0 为温度 $t = 0\,℃$ 时的长度，$\alpha, \beta \cdots$ 是与被测物质有关的常数，而 β 以下各系数与 α 相比都很小，所以在常温下可以忽略，则式（4-20-1）可近似地写成

$$l = l_0(1 + \alpha t) \tag{4-20-2}$$

将式（4-20-2）变形得

$$\alpha = \frac{l - l_0}{l_0 \cdot t} = \frac{\Delta l}{l_0 \cdot t} \tag{4-20-3}$$

式（4-20-3）中，α 称为固体的线胀系数，单位是 $℃^{-1}$。根据式（4-20-3），可以将固体的线胀系数 α 理解为：当温度每升高 $1\,℃$ 时，固体增加的长度与原来长度之比。多数金属的线胀系数在 $(0.8 \sim 2.5) \times 10^{-5}\,℃^{-1}$。

设物体在温度 $t_1\,℃$ 时的长度为 l，温度升高到 $t_2\,℃$ 时，其长度增加 δ，根据式（4-20-2），可得 $l = l_0(1 + at_1)$，$l + \delta = l_0(1 + \alpha t_2)$，由此二式相比消去 l_0，整理后得出

$$\alpha = \frac{\delta}{l(t_2 - t_1) - \delta t_1} \tag{4-20-4}$$

由于 δ 和 l 相比甚小，$l(t_2 - t_1) \gg \delta t_1$，所以式（4-20-4）可近似写成

$$\alpha = \frac{\delta}{l(t_2 - t_1)} \tag{4-20-5}$$

式（4-20-5）中，l 是物体在温度 $t_1\,℃$ 时的长度，δ 是温度变化所引起长度的微小变化量。

测量固体的线胀系数的主要问题是：怎样测准由于温度变化所引起长度的微小变化量 δ。

2. 微小长度的测量

本实验就是利用光杠杆测量微小长度的变化。实验时将待测金属棒直立在线胀系数测定仪的金属筒中，将光杠杆的后足尖置于金属棒的上端，两前足尖置于固定的台上，如图 4-20-1 所示。

设在温度 t_1 时，通过望远镜和光杠杆的平面镜，看见直尺上的刻度 a_1 刚好在望远镜中叉丝

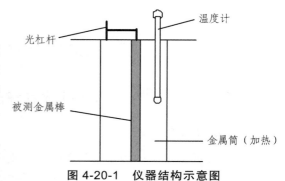

图 4-20-1　仪器结构示意图

温度计

光杠杆

被测金属棒

金属筒（加热）

横线（或交点）处，当温度升至 t_2 时，直尺上刻度 a_2 移至叉丝横线上，参见图 4-17-2 所示，这时光杠杆的后足尖被抬高了 δ，后足尖绕两前足尖的连线转动了 θ 角度。设 d_1 为光杠杆后足尖到两前足尖连线的垂直距离，当 θ 角较小时，则下式成立

$$\theta \approx \frac{\delta}{d_1} \tag{4-20-6}$$

此时，光杠杆上镜面的法线 ON_1 转到 ON_2 方向，反射方向由 Oa_1 转到 Oa_2，即光杠杆转动 θ 角时，镜面法线的偏转角为 θ，反射光线的偏转角为 2θ，它是光杠杆偏转角的 2 倍，放大了 1 倍，此即为光杠杆名称的由来。

那又如何测量光线的偏转角 2θ 呢？

实验时，光线偏转角 2θ 的测量，通常使用尺度望远镜，参见图 4-17-2 所示。

当 2θ 角较小时，下式成立

$$2\theta \approx \frac{|a_2 - a_1|}{d_2} \tag{4-20-7}$$

式（4-20-7）中，d_2 为光杠杆镜面到直尺的距离。

联立式（4-20-6）和式（4-20-7），可得

$$\delta = \frac{|a_2 - a_1| d_1}{2d_2} \tag{4-20-8}$$

将式（4-20-8）代入式（4-20-5），则有

$$\alpha = \frac{|a_2 - a_1| d_1}{2d_2 l(t_2 - t_1)} \tag{4-20-9}$$

式（4-20-9）中，l 为待测金属棒的长度；d_1 为光杠杆后足尖到两前足尖连线的垂直距离；d_2 为光杠杆镜面到直尺的距离；a_1、a_2 为加热前后叉丝横线所对应直尺的数值。

【实验内容】

（1）用米尺测量金属棒长 l（也可由实验室直接给出 $l = 50.00 \text{ cm}$）之后，将其插入线胀系数测定仪的金属筒中，棒的下端要与基座紧密接触，上端露出筒外。

（2）安装温度计（插温度计时要小心，切勿碰撞，以防损坏）。

（3）将光杠杆放在仪器平台上，其后足尖放在金属棒的顶端上，光杠杆的镜面在铅直方向。在光杠杆前 1.5~2.0 m 处放置望远镜及直尺（尺在铅直方向，是附在望远镜上的）。

（4）调节望远镜。① 粗调：在望远镜外侧观察光杠杆的镜面，移动尺度望远镜改变眼睛的位置，直到能看到直尺的像；② 细调：在保持眼睛始终看见镜面中有直尺的像的条件下，再微微改变尺度望远镜和眼睛的位置，将望远镜移到视线方向；③ 聚焦：调节望远镜的聚焦

旋钮，目的是通过望远镜能看到平面镜中直尺的像，并仔细聚焦以消除叉丝与直尺的像之间的视差（上下移动眼睛，刻度线与水平叉丝之间不出现相对移动就是无视差）。

（5）读出叉丝横线（或交点）在直尺上的位置 a_1（注意：光杠杆系统一旦调节完成，两次读数过程中不能再调节光杠杆，为什么？）。

（6）记下初温 t_1 后，给蒸汽发生器加热。蒸汽进入金属筒中后，金属棒迅速伸长，待温度计的数值稳定几分钟不变后，读出叉丝横线所对直尺的数值 a_2，并记下此时的温度 t_2。

（7）停止加热，用钢卷尺测出直尺到光杠杆镜面间的距离 d_2。

（8）取下光杠杆，将光杠杆在白纸上轻轻压出 3 个足尖痕，用游标卡尺测量其后足尖到两前足尖连线的垂直距离 d_1。

（9）按式（4-20-9）计算该金属的线胀系数，并与理论值比较计算其相对误差。

【注意事项】

（1）线胀系数测定装置上的金属筒不要固定紧，否则金属筒受热膨胀将引起整个仪器变形，产生较大的误差。

（2）放置金属筒时，注意要让金属棒的下端与基座紧密相连，上端露出筒外（以保证金属棒受热时只向上伸长）。

（3）在测量过程中，要注意保持光杠杆及望远镜位置的稳定，注意保护光杠杆上的平面镜。

【思考题】

1. 光杠杆系统一旦调节完成，两次读数过程中不能再调节光杠杆，为什么？
2. 放置金属筒时，为什么要让金属棒的下端与基座紧密相连，上端露出筒外？

（二）利用直读式测量仪测定金属的线胀系数

【实验目的】

利用直读式测量仪测量金属棒的线胀系数。

【实验仪器】

DH4608 金属热膨胀系数试验仪、不锈钢管、钢卷尺。

【实验原理】

图 4.20.2 中，1 为电热偶安装座；2 为待测样品；3 为挡板；4 为千分尺。

已知金属的线胀方程为：$l = l_0(1 + \alpha t)$，其中 l_0 是金属在 0 ℃ 时的长度。

当温度为 t_1 时，$l = l_0(1 + \alpha t_1)$

当温度为 t_2 时，设金属棒伸长量为 Δl，则有：$l + \Delta l = l_0(1 + \alpha t_2)$

两式相减得：$\Delta l = l_0 \alpha(t_2 - t_1) = l_0 \alpha \cdot \Delta t$，其中 α 为金属的线胀系数。

实验时，利用 DH4608 金属热膨胀系数试验仪，每 5 ℃ 设定一个控温点，利用热电偶记录样品上的实测温度和千分尺上的变化值。根据数据 Δl 和 Δt，画出 Δl（作 y 轴）-Δt（作 x 轴）的曲线图，观察其线型性，并利用图形求出斜率，计算样品（不锈钢管）的线胀系数。

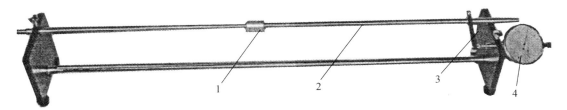

图 4.20.2　实验架结构

【实验步骤】

（1）将试验样品（不锈钢管）固定在实验架上，注意挡板要正对千分尺。

（2）调节千分尺和挡板的位置，保证两者无间隙且千分尺有足够的伸长空间。

（3）打开电源和水泵开关，每 5 ℃ 设定一个控温点，记录样品的实测温度和千分尺上的变化值。

实际操作时，由于千分尺的指针在不停地转动，所以在设定的控温点不易准确读数，从而导致样品加热后的伸长量测量不准确。具体操作可改为：在加热过程中，当观察到千分尺的指针转动匀速时，在千分尺上设定一个记录起点（比如 0 格），记下此时的温度值和数字电压表上的示值作为第一组实验数据。以后每当千分尺的指针转过 50 格（或 30格）记录一组温度值和数字电压表上的示值，填入设计的记录表中。实验结束后再根据铜-康铜热电偶分度表将数字电压表上的示值转换为温度值作为试验样品的实际温度，见附录 2（16）。

（4）根据数据 Δl 和 Δt，画出 Δl（作 y 轴）-Δt（作 x 轴）的曲线图，观察其线型性。

（5）利用图形求出斜率，计算样品的线胀系数（ $\alpha = \dfrac{k}{l_0}$ ，k 为斜率，l_0 近似为室温下金属棒的有效长度）。

实验 21　落球法测定液体的黏度系数

【实验目的】

根据斯托克斯公式用落球法测定蓖麻油的黏度。

【实验仪器】

液体黏度系数测定仪、电脑计时器（或秒表）、螺旋测微器（或读数显微镜）、物理天平、钢卷尺、游标卡尺、小球（10 个）、镊子、待测液体（蓖麻油）。

【实验原理】

各种实际液体具有不同程度的黏滞性，当液体流动时，平行于流动方向的各层流体速度都不相同，即存在着相对滑动，于是在各层之间就有摩擦力产生，这一摩擦力称为黏滞力，它的方向平行于接触面，其大小与速度梯度及接触面积成正比，比例系数 η 称为黏度，它是表征液体黏滞性强弱的重要参数。液体的黏滞性的测量是非常重要的，例如，现代医学发现，许多心血管疾病都与血液黏度的变化有关，血液黏度的增大会使流入人体器官的血流量减少，血液的流速减缓，使人体处于供血和供氧不足的状态，这可能引起多种心脑血管疾病和其他许多身体不适症状。因此，测量血液黏度的大小是检查人体血液健康的重要标志之一。又如，石油在封闭管道中远距离输送时，其输运特性与黏滞性密切相关，因而在设计管道前，必须测量被输送石油的黏度。

测量液体黏度有多种方法，本实验所采用的落球法是一种绝对法测量液体的黏度。如果一小球在黏滞体中铅直下落，由于附着于球面的液层与周围其他液层之间存在着相对运动，因此小球受到黏滞阻力，它的大小与小球下落的速度有关。当小球做匀速运动时，测出小球下落的速度，就可以计算出液体的黏度。

当金属小球在黏性液体中下落时，它受到 3 个铅直方向的力：小球的重力 mg（m 为小球质量）、液体作用于小球的浮力 $\rho g V$（V 是小球体积，ρ 是液体密度）和黏滞阻力 F（其方向与小球运动方向相反）。如果液体无限深广，小球下落速度 v 较小，球也很小，在液体不产生涡流的情况下，斯托克斯指出，球在液体中所受到的阻力为

$$F = 6\pi \eta r v \tag{4-21-1}$$

式（4-21-1）中，r 是小球的半径；η 称为液体的黏度，其单位是 Pa·s，此式称为斯托克斯公式。

小球开始下落时，由于速度很小，所以阻力也不大；但随着下落速度的增大，阻力也随之增大。最后，3 个力达到平衡，即

$$mg = \rho g V + 6\pi \eta v r \tag{4-21-2}$$

于是，小球做匀速直线运动，由式（4-21-2）可得

$$\eta = \frac{(m - \rho V) g}{6\pi v r} \tag{4-21-3}$$

设小球的直径为 d，将 $V = \frac{1}{6}\pi d^3$，$v = \frac{l}{t}$，$r = \frac{d}{2}$ 代入式（4-21-3）得

$$\eta = \frac{mgt}{3\pi d l} - \frac{\rho g d^2 t}{18 l} \tag{4-21-4}$$

式（4-21-4）中，m 为单个小球的质量；l 为小球匀速下落的距离；t 为小球下落 l 距离所用的时间。

修正 1（实际实验时不能满足无限深广的条件）：

实验时，待测液体必须盛于容器中，如图 4-21-1 所示，故不

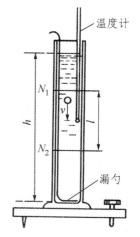

图 4-21-1　液体黏度系数
测定仪

能满足无限深广的条件，实验证明，若小球沿筒的中心轴线下降，这时实际测得的速度与理想条件下的速度之间存在如下的关系式

$$v = \frac{l}{t}\left(1 + 2.4\frac{d}{D}\right)\left(1 + 1.6\frac{d}{H}\right)$$ （4-21-5）

式（4-21-4）应做如下修正才能符合实际情况

$$\eta = \left(\frac{mgt}{3\pi dl} - \frac{\rho g d^2 t}{18l}\right) \cdot \frac{1}{\left(1 + 2.4\frac{d}{D}\right)\left(1 + 1.6\frac{d}{H}\right)}$$ （4-21-6）

式（4-21-6）中，D 为盛液体圆筒的内直径；H 为液体的深度；蓖麻油的密度为 $\rho = 0.965 \times 10^3 \ \mathrm{kg \cdot m^{-3}}$。

修正 2（产生涡流的情况下）：

实验时小球下落速度若较大，例如气温及油温较高，钢珠从油中下落时，可能出现涡流的情况，使公式（4-21-1）不再成立，此时需要作另一个修正。实际实验中，为了判断是否出现涡流，可利用流体力学中一个重要参数雷诺数 $Re = \frac{\rho dv}{\eta}$ 来判断。当 $F = 6\pi\eta' vr\left(1 + \frac{3}{16}Re - \frac{19}{1080}Re^2\right)$ 较大时，式（4-21-1）应予修正，但在实际应用落球法时，小球的运动不会处于高雷诺数状态，一般值小于 10，故黏滞阻力 F 可近似用下式表示

$$F = 6\pi\eta' vr\left(1 + \frac{3}{16}Re - \frac{19}{1080}Re^2\right)$$ （4-21-7）

式（4-21-7）中，η' 表示考虑到此种修正后的黏度系数。因此，在各力平衡时，并考虑液体边界的影响，可得

$$\eta' = \left(\frac{mgt}{3\pi dl} - \frac{\rho g d^2 t}{18l}\right) \cdot \frac{1}{\left(1 + 2.4\frac{d}{D}\right)\left(1 + 1.6\frac{d}{H}\right)} \cdot \frac{1}{\left(1 + \frac{3}{16}Re - \frac{19}{1080}Re^2\right)}$$

$$= \eta\left(1 + \frac{3}{16}Re - \frac{19}{1080}Re^2\right)^{-1}$$ （4-21-8）

实际实验时，先将测得的各数据代入式（4-21-6）计算出液体黏度的近似值 η，再将 η 代入 $Re^2 = \frac{\rho dv}{\eta}$ 求出雷诺数，最后由式（4-21-8）求出黏度的最佳值 η'。

【实验内容】

实验装置如图 4-21-1 所示，在圆筒油面下方 7 ~ 8 cm 和筒底上方 7 ~ 8 cm 处，分别设标记 N_1 和 N_2，对 N_1、N_2 之间的距离 l，油筒的内直径 D，油的深度 H，选用适当仪器进行测量。

测量用的小球为钢球，用乙醚与乙醇的混合液洗净擦干后，测量直径和质量（分别测量 10 个小球的直径取平均值；同时称量 10 个小球的质量，求出一个小球的质量）。测量后可将其浸在和待测液体相同的油中待用。

用镊子取一小球，在油筒中心轴线处静止地放入油中，用停表分别测出 10 个小球通过 N_1、N_2 之间的时间 t，再求 t 的平均值。

温度对黏度的影响较大（比如蓖麻油，当温度从 18 ℃ 上升到 40 ℃ 时，黏度几乎降到原来的 1/4），实验前用温度计测量一次油温，在全部小球下落完成后再测量一次油温，取平均值作为实际油温。

实验时，先由式（4-21-6）计算出黏度系数的近似值 η，用此 η 代入 $Re = \dfrac{\rho d v}{\eta}$ 求出雷诺数，最后由式（4-21-8）计算出黏度系数的最佳值 η'，并将室温下的实验值 η' 与表 4-21-1 中对应温度下的参考值比较，求出百分误差。

表 4-21-1　蓖麻油的黏度（参考值）

温度/℃	0	10.00	15.00	20.00	25.00	30.00	35.00	40.00
黏度 η/(Pa·s)	5.30	2.42	1.51	0.95	0.62	0.45	0.31	0.23

【思考题】

1. 斯托克斯公式的应用条件是什么？本实验是怎样去满足这些条件的？又如何进行修正的？
2. 如何判断小球已进入匀速运动阶段？
3. 如果投入的小球偏离中心轴线，将出现什么现象？

实验 22　液体表面张力系数的测定

液体的表面，由于表面层内分子的作用，存在一定的张力，正是这种表面张力的存在，液体的表面就如同张紧的弹性薄膜，有收缩的趋势。

液体的许多现象与表面张力有关，例如，毛细现象、润湿现象和泡沫的形成等。测定液体表面张力系数的方法很多，本实验介绍其中的两种——拉脱法和毛细管升高法。

（一）拉脱法测定液体的表面张力系数

【实验目的】

（1）掌握焦利氏秤的使用方法；
（2）测定焦利氏弹簧的劲度系数；
（3）掌握用逐差法处理数据；
（4）学习用拉脱法测定室温下水的表面张力系数。

【实验仪器】

焦利氏秤（含配件）一台、物理天平、镊子、∏形金属丝框、烧杯、游标卡尺、螺旋测微器、蒸馏水、温度计等。

【实验原理】

将一表面洁净的矩形金属丝框竖直地浸入水中，使其底边保持水平，然后轻轻提起，则其附近的液面将呈现出如图 4-22-1 所示的形状，即丝框上挂有一层水膜。水膜的两个表面沿着切线方向有作用力 f，称为表面张力，φ 为接触角，当缓缓拉出金属丝框时，接触角 φ 逐渐减小而趋向于零。这时表面张力 f 垂直向下，其大小与金属丝框水平段的长度 l 成正比，故有

$$f = \gamma l \qquad (4\text{-}22\text{-}1)$$

式（4-22-1）中，比例系数 γ 称为表面张力系数，它在数值上等于单位长度上的表面张力。在国际单位制中，γ 的单位为 N·m^{-1}。表面张力系数 γ 与液体的种类、纯度、温度和它上方的气体成分有关。实验表明，液体的温度越高，γ 值越小；所含杂质越多，γ 值也越小。因此，在测定 γ 值时，必须注明是在什么温度下测定的，并且要十分注意被测液体的纯度，测量工具（金属丝框、盛液器皿等）应清洁不沾污渍。

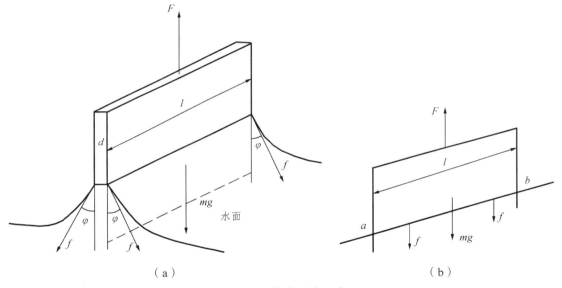

图 4-22-1　拉伸受力示意图

在金属丝框缓慢拉出水面的过程中，金属丝框下面将带起一水膜，当水膜刚被拉断时，诸力的平衡条件是

$$F = W + 2\gamma l + ldh\rho g \qquad (4\text{-}22\text{-}2)$$

式（4-22-2）中，F 为弹簧向上的拉力；W 为水膜被拉断时金属丝框的重力和所受浮力之差；l 为金属丝框的长度；d 为金属丝的直径（即水膜的厚度）；h 为水膜被拉断前的高度；ρ 为水的密度；g 为重力加速度；$ldh\rho g$ 为水膜的重量，由于金属丝的直径很小，所以这一项的值不大。由于水膜有前后两个表面，所以式（4-22-2）中的表面张力为 $2\gamma l$。由式（4-22-2）中解得

$$\gamma = \frac{(F-W) - ldh\rho g}{2l} \qquad (4\text{-}22\text{-}3)$$

本实验中，先测出焦利氏秤的劲度系数 k，然后用焦利氏秤测出 $(F-W)$ 的值和水膜高度 h，用测长仪器测量出 l 和 d，代入式（4-22-3）即可计算水的表面张力系数 γ 的值。

【实验内容】

（1）测量弹簧的劲度系数 k。

将劲度系数为 $0.2 \sim 0.3 \, \text{N} \cdot \text{m}^{-1}$ 的弹簧挂在焦利氏秤上，调节支架的底座螺旋，使弹簧与金属杆立柱平行。

在秤盘上加 0.50 g 的砝码，旋转升降旋钮使弹簧上升，当指标杆上的横线、横线的像及镜面标线三者重合时为止（以下称三者重合时指标杆上横线的位置为零点），在立柱的游标上读出标尺的值为 L，以后每增加 0.50 g 砝码测量一次 L，直至加到 3.00 g 后再逐次减下来测量 L，将数据按所加砝码的多少分成两组，用分组求差法求出劲度系数 k 的值。

（2）测量 $(F-W)$ 和水膜高度 h。

在弹簧下端挂上金属框，转动升降旋钮使金属框下降，金属框上的横丝 ab 浸没在水中，再转动升降旋钮使金属框上升，待金属框上的横丝 ab 刚要露出水面时（即横丝 ab 与水面刚好相平），从主柱的游标上读出读数为 L_0。再转动升降旋钮，轻轻向上提起弹簧直到水膜被破坏为止，再从主柱的游标上读出读数为 L，则两次读数的差值 $\Delta L = L - L_0$ 等于拉起水膜时弹簧的伸长量加上水膜的高度 h，即有

$$F - W = [(L - L_0) - h]k = (\Delta L - h)k \qquad （4\text{-}22\text{-}4）$$

重复若干次（可取 5 次），求出 $\Delta L = L - L_0$ 的平均值。

用一根细长金属棒代替弹簧，同上做拉断水膜的操作，这时两次读数 L_0' 和 L' 之差就等于水膜的高度 h，即

$$h = L' - L_0' \qquad （4\text{-}22\text{-}5）$$

重复若干次（可取 5 次），求出 $h = L' - L_0'$ 的平均值，则有

$$F - W = (\overline{\Delta L} - \overline{h})k \qquad （4\text{-}22\text{-}6）$$

将式（4-22-6）代入式（4-22-3）得

$$\gamma = \frac{k(\overline{\Delta L} - \overline{h}) - ldh\rho g}{2l} \qquad （4\text{-}22\text{-}7）$$

由于水膜的重量非常小，粗略计算时可取

$$\gamma = \frac{k(\overline{\Delta L} - \overline{h})}{2l} \qquad （4\text{-}22\text{-}8）$$

（3）测量金属丝框的长度 l 和直径 d（用游标卡尺、螺旋测微器等仪器测量）。

（4）测量实验时的水温 $t \, ^\circ\text{C}$。

（5）根据式（4-22-7）计算水的表面张力系数 γ ，并与表 4-22-1 中的值相比较，计算其相对误差。

表 4-22-1　在不同温度下与空气接触的水的表面张力系数（供参考）

温度/℃	$\gamma \times 10^{-3}(N \cdot m^{-1})$	温度/℃	$\gamma \times 10^{-3}(N \cdot m^{-1})$	温度/℃	$\gamma \times 10^{-3}(N \cdot m^{-1})$
0	75.62	15	73.48	30	71.15
5	74.90	16	73.34	40	69.55
6	74.76	17	73.20	50	67.90
8	74.48	18	73.05	60	66.17
10	74.20	19	72.89	70	64.41
11	74.07	20	72.75	80	62.60
12	73.92	22	72.44	90	60.74
13	73.78	24	72.12	100	58.84
14	73.64	25	71.96		

【注意事项】

（1）在实验过程中要始终保证小镜悬于玻璃管的中央。

（2）焦利氏弹簧是精密元件，应该轻拿轻放，防止损坏。

（3）测量Ⅱ形金属丝框的宽度 l 时，应将Ⅱ形金属丝框平放于纸上，防止变形。

（4）拉起水膜时动作要平稳、轻缓，不能在振动不定的情况下测量。

（5）测量时要始终保证"三线对齐"，并在金属丝框上边缘与水面相平对齐时读取 L_0 。

（6）清洁后的玻璃杯和Ⅱ形金属丝框不可用手触摸（用镊子取放）。

【思考题】

1. 焦利氏秤与普通秤有什么区别？使用过程中要注意什么？

2. 为什么要采用"三线对齐"的方式来测量？

3. 试用作图法求焦利氏秤弹簧的劲度系数，并将结果与逐差法算出的劲度系数作比较。

（二）毛细管升高法测定液体的表面张力系数

【实验目的】

（1）利用毛细管中水柱的升高，测量水的表面张力系数；

（2）掌握测量显微镜测量微小长度的方法；

（3）验证毛细恒量 $h \cdot d$ 的准确性。

【实验仪器】

MS-1 型表面张力系数测定仪、测量显微镜、游标卡尺、温度计、小烧杯。

【实验原理】

1. 对一根毛细管的情形

将毛细管插入无限广延的水中，由于水对玻璃是浸润的，在管内的水面将成凹面。而液体的表面在其性质上与紧张的弹性薄膜相似，当液面为曲面时，由于它有变平的趋势，所以弯曲的液面对于下层的液体施有压力的作用。当液面成凸面时，压力是正的，液面成凹面时，压力是负的（见图 4-22-2）。在图 4-22-3 中，毛细管中的水面是凹面，压力是负的，这个压力（也称表面张力）使得毛细管中的水面上升，直至 B 点和 C 点的压强相等为止，如图 4-22-3（b）所示。

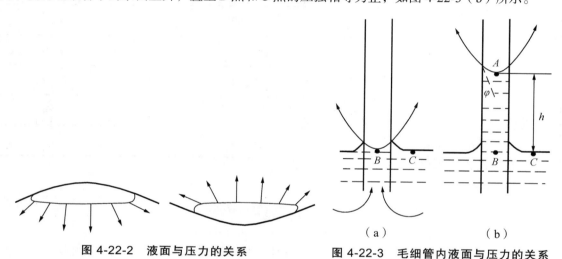

图 4-22-2　液面与压力的关系　　　图 4-22-3　毛细管内液面与压力的关系
（a）　　　（b）

设毛细管的截面为圆形，则毛细管内的凹形水面可以近似地看成为半径为 r 的半球面，若毛细管内的水柱高度为 h，则该水柱产生的压强 $\Delta p = \rho g h$，则水面平衡的条件是

$$\Delta P \cdot S = \rho g h \cdot \pi r^2 = 2\pi r \gamma \cos\varphi \tag{4-22-9}$$

式（4-22-9）中，r 为毛细管的半径；φ 为接触角；γ 为表面张力系数；ρ 为水的密度。将式（4-22-9）化简得

$$\gamma = \frac{\rho g h r}{2\cos\varphi} \tag{4-22-10}$$

对于清洁的玻璃和水，接触角 φ 近似为零，$\cos\varphi = 1$，则式（4-22-10）变为

$$\gamma = \frac{1}{2}(\rho g h r) = \frac{1}{4}\rho g h d \tag{4-22-11}$$

修正 1（修正水柱的高度 h）：测量时 h 为管中凹面最低点到管外平液面的高度，而在此高度以上，在凹面周围还有少量的水，因为可以将毛细管中的凹面看成为半球形，所以凹面周围的水的体积应为

140

$$(\pi r^2) \cdot r - \frac{1}{2}\left(\frac{4}{3}\pi r^3\right) = \frac{1}{3}\pi r^3 = (\pi r^2) \cdot \frac{r}{3} \qquad (4\text{-}22\text{-}12)$$

式（4-22-12）表明：毛细管中凹面周围的水的体积等效于该毛细管中高为 $\frac{r}{3}$ 的水柱的体积，因此，上述讨论中的 h 值，应该增加 $\frac{r}{3}$（即 $\frac{d}{6}$）的修正值，于是式（4-22-11）变为

$$\gamma = \frac{1}{4}(\rho g d)\left(h + \frac{d}{6}\right) \qquad (4\text{-}22\text{-}13)$$

修正 2：理论上应该将毛细管插入无限广延的水中，但实验时是将毛细管插入内直径为 d' 的圆柱形杯子的中心轴处，若以 d'' 表示毛细管的外直径，则毛细管中水面上升的高度 h 要比在无限广延的水中小一些，因此应该增加一项修正项，则（4-22-13）式变为

$$\gamma = \frac{1}{4}(\rho g d)\left(h + \frac{d}{6}\right)\left(1 - \frac{d}{d' - d''}\right) \qquad (4\text{-}22\text{-}14)$$

2. 对 U 形管连通器的情形（直径为 d_1、d_2）

对直径为 d_1、d_2 的 U 形管连通器，当 $d_1 < d_2 < 10^{-2}$ m 以下，毛细现象显现后，则连通器就不再是水平的，而有一定的高度差 Δh，由此也可以求出表面张力系数 γ。

现在假设在 U 形管内一水平面，满足式（4-22-11）的条件，则有

$$\gamma = \frac{1}{4}\rho g h_1 d_1 \qquad (4\text{-}22\text{-}15)$$

$$\gamma = \frac{1}{4}\rho g h_2 d_2 \qquad (4\text{-}22\text{-}16)$$

而

$$h_1 - h_2 = \Delta h \qquad (4\text{-}22\text{-}17)$$

联立式（4-22-15）、（4-22-16）、（4-22-17）可以求得

$$h_1 = \frac{d_2}{d_2 - d_1} \cdot \Delta h \qquad (4\text{-}22\text{-}18)$$

$$h_2 = \frac{d_1}{d_2 - d_1} \cdot \Delta h \qquad (4\text{-}22\text{-}19)$$

$$\gamma = \frac{\rho g d_1 d_2}{4(d_2 - d_1)} \cdot \Delta h \qquad (4\text{-}22\text{-}20)$$

【实验内容】

（1）实验装置如图 4-22-4 所示，在玻璃器皿中盛水，3 根内径不同的毛细玻璃管 b_1、b_2、b_3（其中有两根连接成 U 形管）以及温度计 C 被上支架 D_1 固定，下支架 D_2 支撑玻璃器皿。D_1 在龙门立柱 E 上的高度可调，还可以转动和固定。

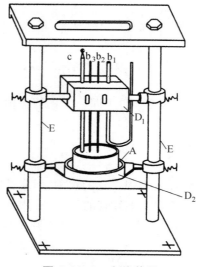

图 4-22-4　实验装置

（2）从温度计 C 上读出水的温度 t（单位用°C）。

（3）用测量显微镜测出毛细现象中水面上升的高度 h、Δh 和毛细管的内直径 d、d_1、d_2，计算求得 h_1、h_2，验证毛细恒量 $h\cdot d$ 的准确性，即验证：$h_1\cdot d_1 = h_2\cdot d_2 = h\cdot d$。

　　注意：用测量显微镜测量毛细管的内直径 d 时，具体做法是：将毛细管转到水平方向，用显微镜对准毛细管管口，并使二者的轴线一致，在聚焦之后测其孔洞的直径；然后将毛细管转过 90 °C 再测一次直径；在毛细管的另一端也进行同样的测量，最后求出平均直径 d（测量 5 次，取平均值）。（用测量显微镜测量时，为防止回程误差，每次测量都必须按同一方向进行）。

（4）用测量显微镜测量毛细管的外直径 d''（具体做法同上）（测量 5 次，取其平均值）。

（5）用游标卡尺测量圆柱形杯子的内直径 d'（测量 5 次，取其平均值）。

（6）利用式（4-22-14）和式（4-22-20）计算毛细管中温度 t（单位用°C）时水的表面张力系数 γ，并求出平均值 $\bar{\gamma}$。

（7）将实验求得的表面张力系数的平均值 $\bar{\gamma}$ 与公认值比较求出相对百分误差。

【思考题】

1. 能否用一根直毛细管测量水银的表面张力系数？为什么？

2. 为什么本实验特别强调清洁？

3. 将水加热，水的表面张力有什么变化？由此得出什么结论？

实验 23　用开尔文电桥测低值电阻

【实验目的】

（1）学习双电桥测低电阻的原理和方法；

（2）测量金属材料的电阻率。

142

【实验仪器】

双电桥、灵敏检流计、直流电源、安培表、滑线变阻器、卷尺、千分尺。

【实验原理】

为了避免接触电阻对低电阻测量的影响，将测量电阻的伏安法如图 4-23-1（a）所示采用 4 点连接法。如图 4-23-1（b）所示：将通电流的接头（电流接头）和量电压的接头（电压接头）分开，并且把电压接头放在里面，就可以避免接触电阻和接线电阻的影响。把这个结论运用到电桥电路，就发展成双电桥。

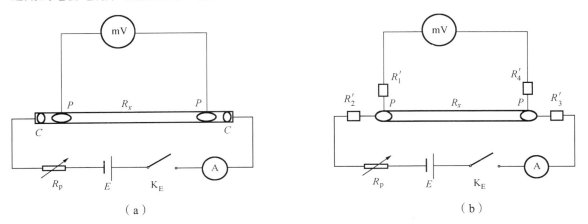

图 4-23-1   开尔文电桥原理

双电桥测低电阻，就是将未知低电阻 R_x 和已知的标准低电阻 R_s 比较，在连接电路时均采用 4 接点接线，比较电压的电路，其等效电路如图 4-23-2（a）所示，考虑电路中接线电阻与接触电阻的影响，等效为实际电路如图 4-23-2（b）所示。

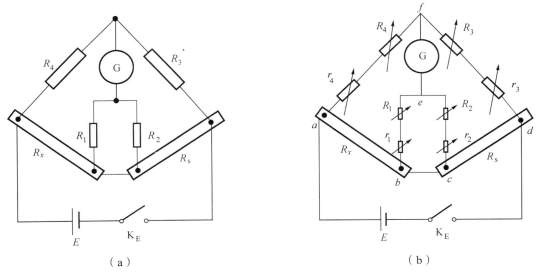

图 4-23-2   双电桥

图 4-23-2 中，r_1、r_2、r_3、r_4 表示接线电阻和接触电阻，比较 R_x 和 R_s 两端的电压时，由于 R_1、R_2、R_3、R_4 的阻值较大，其两端的接线电阻和接触电阻可以不计，当 R_1、R_2、R_3、R_4 取合适的值时，可使 $I_G = 0$，即

$$U_{ae} = U_{af} \quad 或 \quad U_{ed} = U_{fd} \qquad (4\text{-}23\text{-}1)$$

设流过 afd 的电流为 I_1，流过 $abcd$ 的电流为 I_2，流过 bec 的电流为 i，则有

$$U_{af} = I_1(r_4 + R_4)，\quad U_{ae} = I_2 R_x + i(r_1 + R_1) \qquad (4\text{-}23\text{-}2)$$

实验中，让 $R_1, R_2, R_3, R_4 \gg r_1, r_2, r_3, r_4$，结合式（4-23-1）和式（4-23-2）有

$$\frac{R_4}{R_3} = \frac{I_2 R_x + i R_1}{I_2 R_s + i R_2} \qquad (4\text{-}23\text{-}3)$$

如果实验中满足

$$\frac{R_4}{R_3} = \frac{R_1}{R_2} \qquad (4\text{-}23\text{-}4)$$

将式（4-23-4）代入式（4-23-3）求解，则有

$$R_x = \frac{R_4}{R_3} R_s \qquad (4\text{-}23\text{-}5)$$

上面讨论表明：在满足 $U_{ae} = U_{af}$（$I_G = 0$）和 $\dfrac{R_4}{R_3} = \dfrac{R_1}{R_2}$ 的条件下，可用式（4-23-5）算出未知低电阻的阻值 R_x。

【实验内容】

（1）将直流稳压电源、滑线变阻器、直流电流表和双电桥连接成回路，如图 4-23-3 所示，并选择合适的比例臂系数将检流计接在相应的位置。

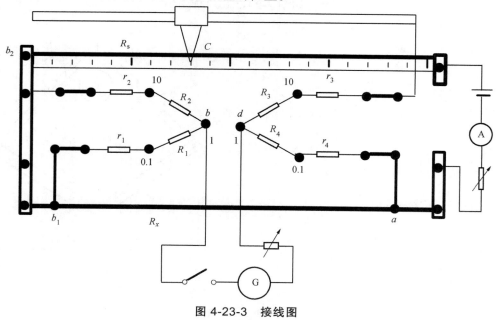

图 4-23-3　接线图

（2）安装好待测金属棒（铜棒），用米尺测量待测金属棒的有效长度 l（两个电压接点之间的距离，即图中 ab_1 的距离）。

（3）用游标卡尺或螺旋测微计测出待测金属棒的直径 d。

（4）合上电源开关，移动标准低电阻滑尺，直到检流计示数 $I_G = 0$，即双电桥平衡，读出滑尺示数 R_s。

（5）利用式（4-23-5）计算相应的低电阻 R_x，并利用测得的待测金属棒的有效长度和直径计算待测金属的电阻率 $\rho = \dfrac{\pi d^2}{4l} \overline{R}_x$。

（6）利用相同的方法测量铝棒或铁棒的电阻率。

【思考题】

1. 低电阻的测量为何要采用四端钮接线？
2. 双臂电桥在惠斯通电桥的基础长有哪些改进？
3. 对照实物说明待测金属棒的有效长度具体指哪一段？
4. 如何根据待测金属材料选择比例臂系数？

实验 24　电表的改装与校准

【实验目的】

（1）掌握电流表和电压表的改装方法；
（2）学会校准电流表和电压表；
（3）学习欧姆表的设计与制作。

【实验仪器】

DH4508 型电表改装与校准实验仪、ZX21 电阻箱（可选用）。

【实验原理】

常见的磁电式电流计主要由放在永久磁场中的由细漆包线绕制的可以转动的线圈、用来产生机械反力矩的游丝、指示用的指针和永久磁铁所组成。当电流通过线圈时，载流线圈在磁场中就产生一磁力矩 $M_磁$，使线圈转动，从而带动指针偏转。线圈偏转角度的大小与通过的电流大小成正比，所以可由指针的偏转直接指示出电流值。

1. 改装为电流表

根据电阻并联规律可知，如果在表头两端并联上一个阻值适当的电阻 R_2，如图 4-24-1 所示，可使表头不能承受的那部分电流从 R_2 上分流通过。这种由表头和并联电阻 R_2 组成的整体（图中虚线框住的部分）就是改装后的电流表。如需将量程扩大 n 倍，则不难得出

$$R_2 = \frac{R_g}{n-1} \tag{4-24-1}$$

图 4-24-1 虚线框部分为扩程后的电流表原理图。用电流表测量电流时，电流表应串联在被测电路中，所以要求电流表应有较小的内阻。另外，在表头上并联阻值不同的分流电阻，便可制成多量程的电流表。图 4-24-1 为改装后的电流表校准电路图。

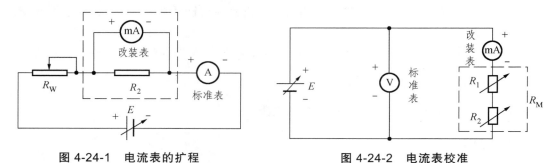

图 4-24-1　电流表的扩程　　　　　　　图 4-24-2　电流表校准

2. 改装为电压表

一般表头能承受的电压很小，不能用来测量较大的电压。为了测量较大的电压，可以给表头串联一个阻值适当的电阻 R_M（R_M 就是 R_1 与 R_2 的串联），如图 4-24-2 所示，使表头上不能承受的那部分电压降落在电阻 R_M 上。这种由表头和串联电阻 R_M 组成的整体就是电压表，串联的电阻 R_M 叫作扩程电阻。选取不同大小的 R_M，就可以得到不同量程的电压表。由图 4-24-2 可求得扩程电阻值为

$$R_M = \frac{U}{I_g} - R_g \qquad （4-24-2）$$

实际扩程后的电压表原理见图 4-24-2 虚线框部分与改装表头的串联。

用电压表测电压时，电压表总是并联在被测电路上，为了不因并联电压表而改变电路中的工作状态，要求电压表应有较高的内阻。图 4-24-2 为改装后的电压表校准电路图。

3. 电表的基本误差和校准

基本误差指的是电表的读数和准确值的差异，它包括了电表在构造上的各种不完善的因素所引入的误差。为了确定基本误差，先用电表和一个标准电表同时测量一定的电流（或电压），结果得到电表各个刻度的绝对误差，选最大的绝对误差除以量程即为电表的基本误差。

$$基本误差 = \frac{最大绝对误差}{量程} \times 100\% \qquad （4-24-3）$$

根据基本误差的大小，电表分为不同的等级，使如 0.5 级电表其基本误差不大于 0.5%，国家规定我国直流电表有 0.1，0.2，0.5，1.0，1.5，2.5，5.0 等级。

为了减小误差，可以不把电表的等级作为确定误差的最后依据。方法是通过校准，读出电表各个指示值 I_x 和标准电表对应的指示值 I_s，得到该刻度的修正值 $\Delta I（\Delta I = I_s - I_x）$，从而画出电表的校准曲线（以 I_x 为横坐标，ΔI 为纵坐标的曲线），两个校准点之间用直线连接，整个图形为折线状（见图 4-24-3），在以后使用这个电表时，可根据校准曲线修正电表的读数，得到较为准确

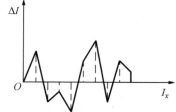

图 4-24-3　校准曲线

的结果。

4．改装为欧姆表

用来测量电阻大小的电表称为欧姆表。根据调零方式的不同，可分为串联分压式和并联分流式两种，其原理电路如图 4-24-4 所示。

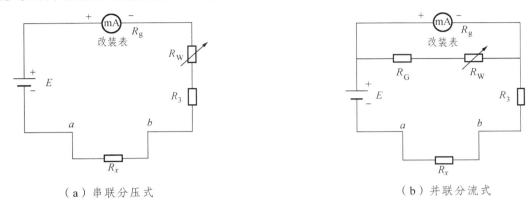

（a）串联分压式　　　　　　　　　　　　（b）并联分流式

图 4-24-4　欧姆表原理图

图中 E 为电源，R_3 为限流电阻，R_W 为调"零"电位器，R_x 为被测电阻，R_g 为等效表头内阻。图（b）中，R_G 与 R_W 一起组成分流电阻。

欧姆表使用前先要调"零"点，即 a、b 两点短路（相当于 $R_x = 0$），调节 R_W 的阻值，使表头指针正好偏转到满度。可见，欧姆表的零点是就在表头标度尺的满刻度（即量限）处，与电流表和电压表的零点正好相反。

在图（a）中，当 a、b 端接入被测电阻 R_x 后，电路中的电流为

$$I = \frac{E}{R_g + R_W + R_3 + R_x} \qquad (4\text{-}24\text{-}4)$$

对于给定的表头和线路来说，R_g、R_W、R_3 都是常量。由此可见，当电源端电压 E 保持不变时，被测电阻和电流值有一一对应的关系。即接入不同的电阻，表头就会有不同的偏转读数，R_x 越大，电流 I 越小。短路 a、b 两端，即 $R_x = 0$ 时

$$I = \frac{E}{R_g + R_W + R_3} = I_g \qquad (4\text{-}24\text{-}5)$$

这时指针满偏。

当 $R_x = R_g + R_W + R_3$ 时

$$I = \frac{E}{R_g + R_W + R_3 + R_x} = \frac{1}{2} I_g \qquad (4\text{-}24\text{-}6)$$

这时指针在表头的中间位置，对应的阻值为中值电阻，显然 $R_中 = R_g + R_W + R_3$。

当 $R_x = \infty$（相当于 a、b 开路）时，$I = 0$，即指针在表头的机械零位。所以欧姆表的标

147

度尺为反向刻度，且刻度是不均匀的，电阻 $R_{\text{中}}$ 越大，刻度间隔越密。如果表头的标度尺预先按已知电阻值刻度，就可以用电流表来直接测量电阻了。

并联分流式欧姆表利用对表头分流来进行调零，具体参数可自行设计。

欧姆表在使用过程中电池的端电压会有所改变，而表头的内阻 R_g 及限流电阻 R_3 为常量，故要求 R_W 要跟着 E 的变化而改变，以满足调"零"的要求。设计时用可调电源模拟电池电压的变化，范围取 1.3 ~ 1.6 V 即可。

【实验内容】

（1）首先测出表头的内阻 R_g。

（2）将一个量程为 1 mA 的表头改装成 5 mA 量程的电流表。

① 根据式（4-24-1）计算出分流电阻值，先将电源调到最小，R_W 调到中间位置，再按图 4-24-1 接线。

② 慢慢调节电源，升高电压，使改装表指到满量程（可配合调节 R_W 变阻器），这时记录标准表读数。注意：R_W 作为限流电阻，阻值不要调至最小值。然后调小电源电压，使改装表每隔 1 mA（满量程的 1/5）逐步减小读数直至零点（将标准电流表选择开关打在 20 mA 挡量程）；再调节电源电压按原间隔逐步增大改装表读数到满量程，每次记下标准表相应的读数填入表 4-24-1 中。

表 4-24-1

改装表读数/mA	标准表读数/mA			示值误差 ΔI/mA
	减小时	增大时	平均值	
1				
2				
3				
4				
5				

③ 以改装表读数为横坐标，标准表由大到小及由小到大调节时两次读数的平均值为纵坐标，在坐标纸上作出电流表的校正曲线，并根据两表最大误差的数值定出改装表的准确度级别。

（3）将一个量程为 1 mA 的表头改装成 1.0 V 量程的电压表。

① 根据式（4-24-2）计算扩程电阻 R_M 的阻值，可用 R_1、R_2 进行实验。

② 按图 4-24-2 连接校准电路。用量程为 2 V 的数显电压表作为标准表来校准改装的电压表。

③ 调节电源电压，使改装表指针指到满量程（1.0 V），记下标准表读数。然后每隔 0.2 V 逐步减小改装读数直至零点，再按原间隔逐步增大到满量程，每次记下标准表相应的读数填入表 4-24-2 中。

④ 以改装表读数为横坐标，标准表由大到小及由小到大调节时两次读数的平均值为纵坐标，在坐标纸上作出电压表的校正曲线，并根据两表最大误差的数值定出改装表的准确度级别。

表 4-24-2

改装表读数/V	标准表读数/V			示值误差 ΔU/V
	减小时	增大时	平均值	
0.2				
0.4				
0.6				
0.8				
1.0				

（4）改装欧姆表及标定表面刻度。

① 根据表头参数 I_g 和 R_g 以及电源电压 E，选择 R_w 为 470 Ω，R_3 为 1 kΩ，也可自行设计确定。

② 按图 4-24-4（a）进行连线。将 R_1、R_2 电阻箱（这时作为被测电阻 R_x）接于欧姆表的 a、b 端，调节 R_1、R_2，使 $R_中 = R_1 + R_2 = 1500$ Ω。

③ 调节电源 $E = 1.5$ V，调 R_w 使改装表头指示为零。

④ 取电阻箱的电阻为一组特定的数值 R_{xi}，读出相应的偏转格数 d_i。利用所得读数 R_{xi}、d_i 绘制出改装欧姆表的标度盘，见表 4-24-3。

表 4-24-3　（其中：$E = $ _____ V，$R_中 = $ _____ Ω）

R_{xi}/Ω	$\frac{1}{5}R_中$	$\frac{1}{4}R_中$	$\frac{1}{3}R_中$	$\frac{1}{2}R_中$	$R_中$	$2R_中$	$3R_中$	$4R_中$	$5R_中$
偏转格数 d_i/div									

（5）按图 4-24-4（b）进行连线，设计一个并联分流式欧姆表，试与串联分压式欧姆表比较，有何异同。（可选做）

【思考题】

1. 有多少种测定表头内阻的方法？能否用欧姆定律来进行测定？能否用电桥来进行测定而又保证通过电流计的电流不超过 I_g？

2. 如果改装电表与标准表的满度没对准应该怎么办？

3. 假如设计 $R_中 = 1500$ Ω 的欧姆表，现有两块量程 1 mA 的表头，其内阻分别为 250 Ω 和 100 Ω，你认为选哪块较好？

实验 25　万用电表的原理与使用

【实验目的】

（1）掌握不同量程的直流电流表、交直流电压表、欧姆表的使用方法；

（2）加深理解不同量程的直流电流表、直流电压表、欧姆表的原理。

【实验仪器】

表头、电阻箱、滑线变阻器、500 型万用电表。

【实验原理】

1. 直流电流挡的设置

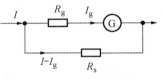

图 4-25-1　电流表扩程

通常一个检流计允许通过的电流很小，为了具体测量的需要，需扩大它的电流量程。一个灵敏度较高的检流计，配制不同的分流电阻，即可制成不同量程的电流表。如将一个内阻为 R_g，电流量程（即满度电流）为 I_g 的检流计的量程扩大为 I_g 的 n 倍，则必须使分路中通过的电流为 $(n-1)I_g$，如图 4-25-1 所示，从欧姆定律便可求得分流电阻

$$R_s = \frac{1}{n-1}R_g \tag{4-25-1}$$

并联分流电阻的连接方式一般有两种，第一种是"开路转换法"，如图 4-25-2 所示的不同量程所需要的分流电阻可按式（4-25-1）求得，这种转换的优点是，改装后的电表的电压降低和易于设计计算，而缺点是若转换开关 K 的接触不良，容易烧毁电表。第二种是"闭路转换法"，如图 4-25-3 所示，分流电阻的计算如下：

在 I_1 的电流挡：

$$(I_1 - I_g)(R_1 + R_2 + R_3) = I_g R_g , \quad I_1 = I$$

即

$$I_1(R_1 + R_2 + R_3) = I_g(R_g + R_1 + R_2 + R_3)$$

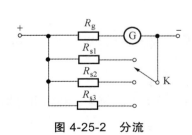

图 4-25-2　分流　　　　图 4-25-3　闭路转换

令 $R_{s1} = R_1 + R_2 + R_3$，则

$$R_{s1} = \frac{1}{I_1/I_g - 1} R_g \tag{4-25-2}$$

式（4-25-2）与式（4-25-1）的形式完全相同。

在 I_2 的电流挡：

$$(I_2 - I_g)(R_2 + R_3) = I_g(R_g + R_1)$$

即

$$I_2(R_2 + R_3) = I_g(R_g + R_1 + R_2 + R_3)$$

此式与式（4-25-2）相比较得到 $I_2(R_2 + R_3) = I_1(R_1 + R_2 + R_3)$，令 $R_{s2} = R_2 + R_3$，则有

$$R_{s2} = \frac{I_1}{I_3} R_{s1} \tag{4-25-3}$$

在 I_3 的电流挡：

$$(I_3 - I_g)R_3 = I_g(R_g + R_1 + R_2)$$

即

$$I_3 R_3 = I_g(R_g + R_1 + R_2 + R_3)$$

所以

$$R_3 = \frac{I_1}{I_3} R_{s1} \tag{4-25-4}$$

从式（4-25-2）、（4-25-3）、（4-25-4）可以计算出各个电流挡的分流电阻，计算时先求得 R_{s1}，即总的分流电阻，其余各挡的分流电阻很容易求得。设任一挡的分流电阻为 R_{si}，则

$$R_{si} = \frac{I_1}{I_i} R_{s1} \tag{4-25-5}$$

这对设计者是很方便的，可根据各挡的电流量程 I_i 及总的电阻 R_{si}，很快地求出各挡的分流电阻 R_{si}，进而求出 R_i 来。采用闭路转换时，从图 4-25-3 可以看出，转换开关若接触不良，其接触电阻仅在外电路，不在分电路之内，因此不会因接触不良毁坏电表。

2. 直流电压挡的设置

一个电流计具有一定的内阻 R_g，若它的两端加电压 U，则电流计中的电流与所加的电压成正比，即 $I = U/R_g$，可见一个电流表也可作为伏特计使用，不过这样的伏特计电压量程很小，其量程仅为

$$U_g = I_g R_g \tag{4-25-6}$$

为了测量上的需要往往要扩大它的电压量程，一个灵敏度高的电流计，串接不同的分压

电阻，便可制成不同量程的伏特计，万用表的直流电压挡，就是根据这一原理制成的，从式（4-25-6）可以得出

$$U = I_g R \qquad (4\text{-}25\text{-}7)$$

如果将式（4-25-7）看作代表任一量程的电压表，其电压量程为 U，电流量程为 I_g，那么它的内阻应为 $R = U/I_g$，即

$$\frac{R}{U} = \frac{1}{I_g} \qquad (4\text{-}25\text{-}8)$$

R/U 为常数，它表示每伏电压所需的欧姆数，它仅由表头的电流量程 I_g 所决定。要将一个电流量程为 I_g 的电流计改装成不同量程的伏特计，从式（4-25-7）出发就很容易获得。该伏特计的内阻，由式（4-25-8）可以求得：$R_分 + R_g = U/I_g$，则与电流计相串联的分压电阻为

$$R_分 = U/I_g - R_g \qquad (4\text{-}25\text{-}9)$$

将电流计改装成不同量程的伏特计，连接电阻的方式也有两种，第一种如图 4-25-4 所示，分压电阻可按式（4-25-9）求出；第二种如图 4-25-5 所示，各电压挡串联的分压电阻也不难求得。

$$R_1 = \frac{U_1}{I_g} - R_g \qquad (4\text{-}25\text{-}10)$$

$$R_2 = \frac{U_2}{I_g} - (R_g + R_1) \qquad (4\text{-}25\text{-}11)$$

$$R_3 = \frac{U_3}{I_g} - (R_g + R_1 + R_2) \qquad (4\text{-}25\text{-}12)$$

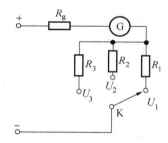

图 4-25-4　分压电路（一）

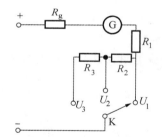

图 4-25-5　分压电路（二）

电流计的灵敏度越高（即 I_g 越小），用它改装伏特计时所需串接的分压电阻就越大，这表明该伏特计的内阻越大，用它测量电压时，对被测电路影响越小。

3. 欧姆挡的设置

一个电流计经过改装，可以测量不同大小的直流电流和直流电压，同样，经过一定的改装也可测量电阻，其原理如图4-25-6所示，若将 A、B 间短路，调节 R，可使

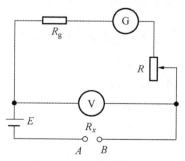

图 4-25-6　电流计改装

$$I_{g} = \frac{E}{R_{g} + R} \tag{4-25-13}$$

从图 4-25-6 可以看出，电流计串联一个电阻 R 就是一个伏特计，其内阻为 $R_{g} + R$，可以选择不同的 R 得到不同的伏特计，如调节 R 使该伏特计的量程恰等于 E，即 A,B 点短路时，电流恰好满度，即 $E = I_{g}(R_{g} + R)$，当在 A,B 间接入某一电阻 R_{x}，通过回路的电流为 I_{x}，该伏特计上的电压值为

$$U_{x} = \frac{E(R_{g} + R)}{R_{g} + R + R_{x}} = \frac{ER_{0}}{R_{x} + R_{0}} \tag{4-25-14}$$

令式（4-25-14）中 $R_{0} = R_{g} + R$，即为该伏特计的内阻，将式（4-25-14）除以 E，可得

$$\frac{U_{x}}{E} = \frac{R_{0}}{R_{0} + R_{x}} = \frac{1}{1 + \dfrac{R_{x}}{R_{0}}} \tag{4-25-15}$$

可见 U_{x} 与 E 的比值仅由 R_{x} 与 R_{0} 的比值决定。当电流计和 R 值选定之后（R 的选择取决于 E 的大小），则 E、R_{0} 都是定值，U_{x} 与 R_{x} 是一一对应的，故可把电流计按 R_{x} 分度。

从式（4-25-15）可知，当 $R_{x} = 0$（即 A,B 短路时），$I_{x} = I_{g}$ 即满度电流；$R_{x} \to \infty$ 时，$I_{x} = 0$；当 $R_{x} = R_{0}$，$I_{x} = I_{g}/2$，可见欧姆表的刻度在电流计满度时对应 "0 Ω"，随着 R_{x} 的增大，电流逐渐减小，到刻度中心（即 $I_{g}/2$）。电阻 R_{x} 恰好等于 R_{0}，该值通常叫做 "欧姆中心"；R_{x} 再增大，电流 I_{x} 更小，直到 $R_{x} \to \infty$，$I_{x} = 0$，欧姆表的刻度是不均匀的，R_{x} 越小刻度就越稀疏，R_{x} 越大就越密集。同时可以看出，当被测电阻接近欧姆中心时，读数最为精确，即只有 R_{x} 相对于 R_{0} 差别不太大的范围内才能保证测量的准确度。例如测量十几Ω 的电阻可以读出 3 位有效数字，而测量上百Ω 的电阻，仅可读出 2 位有效数字，对于更大或更小的电阻就测得更不精确了，只能大概估计电阻值了。

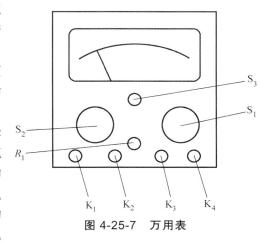

图 4-25-7　万用表

所以万用表欧姆挡测电阻时应使表针偏转在欧姆中心附近，具体地说使欧姆中心不大于被测电阻 R_{x} 的 3 倍到不小于 R_{x} 的 1/3 左右，为了扩大测量电阻的精确范围，应设置具有不同欧姆中心的多挡欧姆表。

4．万用表的使用

下面以 500 型万用表为例说明万用表的使用方法：

（1）使用前要调零 "S_{3}"，使指针指示在标度尺的零位上。

（2）直流电压的测量。

将测试杆短杆插在 "K_{1}" "K_{2}" 内，转换开关 "S_{1}" 旋至 "V" 位置上，开关旋钮 "S_{2}" 旋至所要测量直流电压的相应量限位置上，再将测试杆长杆跨接在被测电路两端，当不能预

计直流电压大约数值时，可将开关旋钮旋在最大量限上，然后根据指示值之大约数值，再选择适当的量限位置使指针得到最大的偏转度，测量直流电压时，当指针往反方向偏转时，只要将测试杆的"+""−"极互换即可，读数在第二条"~ !"刻度线上读取。测量 2 500 V 以上电压时将测试杆插在"K_1"和"K_4"插口中。

5. 交流电压的测量

将开关旋钮"S_1"旋至"V"位置上，开关旋钮"S_2"旋至所要测量的交流电压值相应的量限位置上，测量方法与直流电压测量相似，50 V 及 50 V 以上的量限的指示值见第二条"~"刻度，10 V 量限以下见第三条"~ 10 V"专用刻度线。

6. 直流电流的测量

将开关旋钮"S_2"旋至"A"位置上，开关旋钮"S_1"旋到需要测量直流电流值的相应的量限位置上，然后将测试杆串接在被测电路中，就可量出被测电路中的直流电流值，指示值读第二条"~"刻度线，测量过程中仪器与电路的接触应保持良好，并应注意勿将试验杆直接跨在直流电压两端，以防止仪表因过荷而损坏。

7. 电阻测量

将开关旋钮"S_2"旋至"Ω"位置上，开关旋钮"S_1"旋到"Ω"量限内，先将两测试杆短路，使指针满度偏转，然后调整"0 Ω"调整器"R_1"使指针指示在欧姆标度线"0 Ω"位置上，再将测试杆分开，对未知电阻进行测量，指示值见第一条刻度线。为了提高测量精度，指针应指示在刻度线中间一段，即刻度线的中央 1/3 的区域。

8. 音频电平的测量

测量方法与测量交流电压相似，将测杆插入"K_1""K_4"插口内，转换开关"S_1""S_2"分别放在"V"和相应的交流电压量限位置上，指示值见第四条"db"刻度（见实际的万用表）。

【实验内容】

（1）测量电阻箱上不同阻值的电阻，练习欧姆挡的使用读数，表格自拟。

（2）用 $R \times 1$ kΩ 挡鉴别二极管极性，并填入表 4-25-1。

表 4-25-1

	管 1	管 2	说　明
正向电阻/kΩ			黑表笔接二极管＿＿＿＿＿＿极 红表笔接二极管＿＿＿＿＿＿极
反向电阻/kΩ			黑表笔接二极管＿＿＿＿＿＿极 红表笔接二极管＿＿＿＿＿＿极

（3）用万用表测量一节干电池两端的电压，并记录数据。

（4）用万用表测量一个串联回路的电流，并记录数据，表格自拟。

【思考题】

1. 设置直流电流挡时，采用闭路转换形式的优点是什么？

2. 什么是欧姆中心？

3. 由于粗心误将万用表的电流挡或欧姆挡分别拿去测量电压，会发生什么后果，为什么？反之若误将电压挡拿去测量电阻或电流又将怎样？

4. 为什么用欧姆挡测电阻时，黑表笔的电位比红表笔高？

实验 26　磁场的描绘

【实验目的】

（1）研究载流圆线圈轴线上磁场的分布；

（2）掌握感应法测量磁场的原理和方法；

（3）考查亥姆霍兹线圈磁场的均匀区。

【实验仪器】

音频信号发生器（具有功率输出）、晶体管毫伏表、亥姆霍兹线圈实验装置、探测线圈等。

【实验原理】

1. 载流圆线圈轴线上的磁场分布

设圆线圈的半径为 R ，匝数为 N ，在通以电流 I 时，则线圈轴线上一点 P 的磁感应强度 B 等于

$$B = \frac{\mu_0 I R^2 N}{2(R^2 + x^2)^{3/2}} = \frac{\mu_0 I N}{2R\left(1 + \dfrac{x^2}{R^2}\right)^{3/2}} \tag{4-26-1}$$

式中，μ_0 为真空磁导率；x 为 P 点坐标，原点在线圈中心。线圈轴线上磁场 B 与 x 的关系，如图 4-26-1 所示。

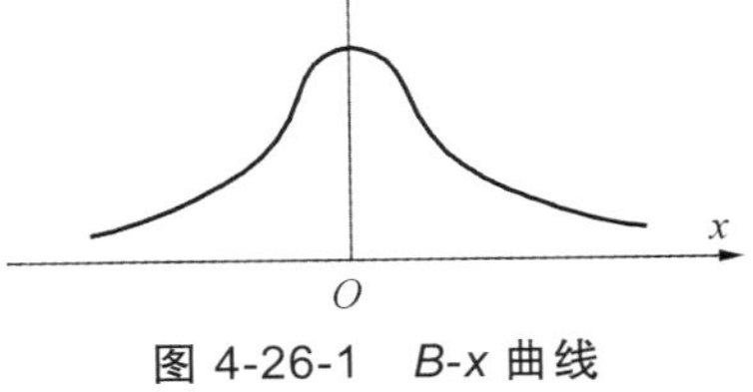

2. 亥姆霍兹线圈轴线上的磁场分布

亥姆霍兹线圈是由一对半径 R 、匝数 N 均相同的圆线圈组成，两线圈彼此平行而且共轴，线圈间距离正好等于半径 R 。如图 4-26-2 所示，坐标原点取在两线圈中心连线的中点 O 。

图 4-26-1　$B\text{-}x$ 曲线

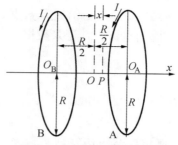

图 4-26-2　亥姆霍兹线圈

给两线圈通以同方向、同大小的电流 I，它们对轴上任一点 P 产生的磁场的方向将一致。A 线圈对 P 点的磁感应强度 B_A 等于

$$B_A = \frac{\mu_0 I R^2 N}{2\left[R^2 + \left(\dfrac{R}{2} - x\right)^2\right]^{3/2}} \tag{4-26-2}$$

B 线圈对 P 点的磁感应强度 B_B 等于

$$B_B = \frac{\mu_0 I R^2 N}{2\left[R^2 + \left(\dfrac{R}{2} + x\right)^2\right]^{3/2}} \tag{4-26-3}$$

在 P 点处 A、B 的合磁场强度 B_x 等于

$$B_x = \frac{\mu_0 I R^2 N}{2\left[R^2 + \left(\dfrac{R}{2} + x\right)^2\right]^{3/2}} + \frac{\mu_0 I R^2 N}{2\left[R^2 + \left(\dfrac{R}{2} - x\right)^2\right]^{3/2}} \tag{4-26-4}$$

从式（4-26-4）可以看出，B 是 x 的函数，公共轴线中点 $x = 0$ 处 B 值为

$$B(0) = \frac{\mu_0 N I}{R}\left(\frac{8}{5^{3/2}}\right)$$

很容易算出在 $x = 0$ 处和 $x = \dfrac{R}{10}$ 处两点 B_x 值的相对差异约为 0.012%，在理论上可以证明，当两线圈的距离等于半径时，在原点 O 附近的磁场非常均匀，图 4-26-3 所示为 B_x-$\dfrac{x}{R}$ 曲线。

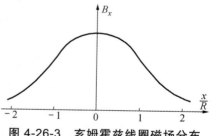

图 4-26-3　亥姆霍兹线圈磁场分布

3. 磁场的测量

磁感应强度是一个矢量，对它的测量既要测量大小，又要测量方向。测量磁场的方法很多，在本实验中是利用试探线圈去测量交变磁场。

如图 4-26-4 所示，给一圆线圈（在此使用亥姆霍兹线圈的一支）通以某一频率的正弦交流电，设交流电的峰值为 I_m，则电流为 $I_m \sin \omega t$，如将峰值 I_m 改用电流表测得的有效值 I_e，由于

$I_{\mathrm{m}} = \sqrt{2}I_{\mathrm{e}}$ ，因而电流可写成为 $\sqrt{2}I_{\mathrm{e}}\sin\omega t$ ，则圆线圈轴线上任一点 P 的磁感应强度为

$$B = \frac{\mu_0 I_{\mathrm{e}} N}{\sqrt{2}R\left(1 + \dfrac{x^2}{R^2}\right)^{3/2}}\sin\omega t \qquad (4\text{-}26\text{-}5)$$

设 B_0 为 B 的峰值，即

$$B_{\mathrm{m}} = \frac{\mu_0 I_{\mathrm{e}} N}{\sqrt{2}R\left(1 + \dfrac{x^2}{R^2}\right)^{3/2}} \qquad (4\text{-}26\text{-}6)$$

则 $\qquad\qquad\qquad B = B_{\mathrm{m}}\sin\omega t \qquad\qquad\qquad\qquad\qquad (4\text{-}26\text{-}7)$

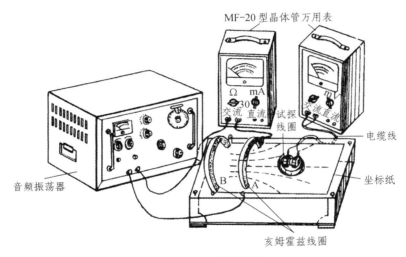

图 4-26-4　仪器装置

在图 4-26-4 中，将一小的试探线圈置于圆线圈轴线上，设试探线圈法线与 B 的夹角为 θ ，则通过试探线圈的磁通量为

$$\Phi = N_0 S B_{\mathrm{m}}\cos\theta\cdot\sin\omega t \qquad (4\text{-}26\text{-}8)$$

式中，S 为试探线圈的面积；N_0 为它的匝数。感应电动势等于

$$E_{\text{感}} = -\frac{\mathrm{d}\Phi}{\mathrm{d}t} = -N_0 S\omega B_{\mathrm{m}}\cos\theta\cdot\sin\omega t$$

而用交流毫伏表测量此 $E_{\text{感}}$ 时，显示值 U 为 $E_{\text{感}}$ 的有效值，即 $U = \dfrac{E_{\text{感}}}{\sqrt{2}}$ ，所以

$$U = \frac{N_0 S\omega}{\sqrt{2}}B_{\mathrm{m}}\cos\theta$$

当试探线圈法线与圆线圈轴线方向一致时，$\theta = 0$ ，则

$$U = \frac{N_0 S \omega}{\sqrt{2}} B_{\mathrm{m}} \qquad\qquad (4\text{-}26\text{-}9)$$

轴线上任意一点测得的 U 值与圆线圈中心（$x=0$）测得值 U_0 之比为

$$\frac{U}{U_0} = \frac{B_{\mathrm{m}x}}{B_{\mathrm{m}0}} = \frac{\dfrac{\mu_0 I_e N}{\sqrt{2}R\left(1+\dfrac{x^2}{R^2}\right)^{3/2}}}{\dfrac{\mu_0 I_e N}{\sqrt{2}R}} = \left(1+\frac{x^2}{R^2}\right)^{-3/2} \qquad (4\text{-}26\text{-}10)$$

如果测得的 U 和 U_0 值之比符合式（4-26-10），则说明式（4-26-1）是正确的，从而可间接加深对毕奥-萨伐尔定律的认识。

那磁场的方向如何来确定呢？磁场的方向本来可用毫伏表读数最大值时所对应的试探线圈法线方向来表示，但是磁通量 Φ 的变化率小，因此测量方向的误差较大。当试探线圈转过 $90°$ 时，磁场方向与试探线圈法线方向相垂直，Φ 的变化率最大，故误差较小。所以我们利用毫伏表读数的最小值来确定磁场的方向。

探测线圈如图 4-26-5 所示。探测线圈的中心底座上有一个小铜钉，它用来确定磁场中待测点的位置。探测线圈的底座设有刻度盘，刻度盘上的零点与待测点的连线垂直于试探线圈的轴线，当毫伏表的读数为最小值时该连线就表示了磁场的方向，由刻度盘可读得磁场和 x 轴线方向的夹角，如图 4-26-5 所示。一般的探测线圈测得的是平均磁场，为了测量各点磁场的真实值，探测线圈体积越小越好，但体积小线圈面积就小，感应电动势就很微弱，不易测量。

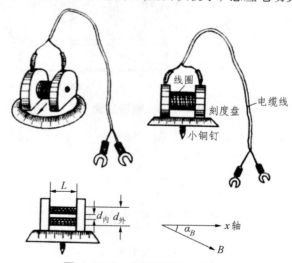

图 4-26-5　亥姆霍兹探测线圈

【实验内容】

1. 测量载流圆线圈的磁场沿轴线的分布

将坐标纸平铺在亥姆霍兹线圈装置平台上，在坐标纸上标定出 O_A、O_B 及 O 点的位置，再标出轴线的方向。

按图 4-26-4 接线，将音频信号发生器（使用功率输出端）、线圈 A 和晶体管万用表（使用毫安挡）组成一串联电路，信号频率取 1.00 kHz，电流 I（mA）适当取值（例如，取 10.0 mA）。

将探测线圈接到晶体管毫伏表。从 O_A 开始，沿轴线方向每隔 1.00 cm 用探测线圈测一下 U（转动探测线圈，毫伏表指示值最大时）及磁场方向（转动探测线圈，在 mV 表指示值最小时，记下探测线圈与轴线方向的夹角值），在轴线方向取 12～15 个测量点。

利用记录的实验数据，作 $\dfrac{U}{U_0}$-$\dfrac{x}{R}$ 曲线及 $\left(1+\dfrac{x^2}{R^2}\right)^{-\frac{3}{2}}$-$\dfrac{x}{R}$ 曲线，并比较两条曲线。

2. 圆电流周围磁力线的描绘

将探测线圈的小铜钉放在待测点的位置，用手按探测线圈，小铜钉就在坐标纸上记下一个小圆点，表示待测点的位置，转动探测线圈使毫伏表达到最小值，用细铅笔在坐标纸上记下刻度盘零刻度的位置，拿走探测线圈，用铅笔连接这两个小圆点，小箭头的方向就表示待测点磁场的方向，第二、第三……诸点磁场的方向按上述方法进行测量。

实验要求在第四象限内测画 3 条磁力线，线间分布尽量均匀并能覆盖 1/4 图纸平面。

3. 亥姆霍兹线圈中 $\dfrac{\Delta B}{B_0}=1\%$ 匀强区的描绘

调节音频振荡器的输出电压，使亥姆霍兹线圈中心处最大的感应电压为 10.0 mV，描绘亥姆霍兹线圈中心附近、最大感应电压在（10.0±0.1）mV 范围内的区域，即偏差不超过 1% 的匀强区。

【思考题】

1. 感应法测量磁场的基本原理是什么？
2. 如何验证圆线圈轴线上磁场的分布规律？
3. 阐述磁力线的描绘方法。
4. 磁场的方向怎样测定？
5. 试分析感应法测磁场的优缺点及适应条件。

实验 27　利用霍尔元件测绘磁场

【实验目的】

（1）了解霍尔效应原理及霍尔元件有关参数的含义和作用；
（2）测绘霍尔元件的 V_H-I_s，V_H-I_M 曲线，了解霍尔电势差 V_H 与霍尔元件工作电流 I_s、磁感应强度 B 及励磁电流 I_M 之间的关系；
（3）学习利用霍尔效应测量磁感应强度 B 及磁场分布；
（4）学习用"对称交换测量法"消除负效应产生的系统误差。

DH4512 系列霍尔效应实验仪。

【实验原理】

霍尔效应从本质上讲，是运动的带电粒子在磁场中受洛仑兹力的作用而引起的偏转。当带电粒子（电子或空穴）被约束在固体材料中，这种偏转就导致在垂直电流和磁场的方向上产生正负电荷在不同侧的聚积，从而形成附加的横向电场。如图 4-27-1 所示，磁场 B 位于 Z 的正向，与之垂直的半导体薄片上沿 x 正向通以电流 I_s（称为工作电流），假设载流子为电子（N 型半导体材料），它沿着与电流 I_s 相反的 x 负向运动。

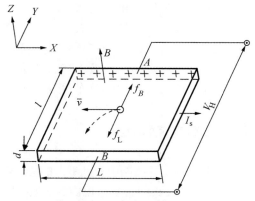

图 4-27-1　霍尔效应原理

由于洛仑兹力 f_L 作用，电子即向图中虚线箭头所指的位于 y 轴负方向的 B 侧偏转，并使 B 侧形成电子积累，而相对的 A 侧形成正电荷积累。与此同时，运动的电子还受到由于两种积累的异种电荷形成的反向电场力 f_E 的作用。随着电荷积累的增加，f_E 增大，当两力大小相等（方向相反）时，$f_L = -f_E$，则电子积累便达到动态平衡。这时在 A、B 两端面之间建立的电场称为霍尔电场 E_H，相应的电势差称为霍尔电势 V_H。

设电子按均一速度 $\bar{v}$，向图示的 x 负方向运动，在磁场 B 作用下，所受洛仑兹力为

$$f_L = -e\bar{v}B \tag{4-27-1}$$

式（4-27-1）中，e 为电子电量；$\bar{v}$ 为电子漂移平均速度；B 为磁感应强度。同时，电场作用于电子的力为

$$f_E = -eE_H = -eV_H / l \tag{4-27-2}$$

式（4-27-2）中，E_H 为霍尔电场强度；V_H 为霍尔电势；l 为霍尔元件宽度。

当达到动态平衡时

$$f_L = -f_E, \quad \bar{v}B = V_H / l \tag{4-27-3}$$

设霍尔元件宽度为 l，厚度为 d，载流子浓度为 n，则霍尔元件的工作电流为

$$I_s = ne\bar{v}ld \tag{4-27-4}$$

由式（4-27-3）和式（4-27-4）可得

$$V_{\mathrm{H}} = E_{\mathrm{H}}l = \frac{1}{ne} \cdot \frac{I_s B}{d} = R_{\mathrm{H}} \frac{I_s B}{d} \qquad (4\text{-}27\text{-}5)$$

式（4-27-5）表明，霍尔电压 V_{H}（A、B 间电压）与 I_s、B 的乘积成正比，与霍尔元件的厚度成反比，比例系数 $R_{\mathrm{H}} = \dfrac{1}{ne}$ 称为霍尔系数（严格来说，对于半导体材料，在弱磁场下应引入一个修正因子 $A = \dfrac{3\pi}{8}$，从而有 $R_{\mathrm{H}} = \dfrac{3\pi}{8} \cdot \dfrac{1}{ne}$），它是反映材料霍尔效应强弱的重要参数，根据材料的电导率 $\sigma = ne\mu$ 的关系，还可以得到

$$R_{\mathrm{H}} = \mu / \sigma = \mu p \quad \text{或} \quad \mu = |R_{\mathrm{H}}| \sigma \qquad (4\text{-}27\text{-}6)$$

式（4-27-6）中，μ 为载流子的迁移率，即单位电场下载流子的运动速度，一般电子迁移率大于空穴迁移率，因此制作霍尔元件时大多采用 N 型半导体材料。

当霍尔元件的材料和厚度确定时，设

$$K_{\mathrm{H}} = R_{\mathrm{H}} / d = l / ned \qquad (4\text{-}27\text{-}7)$$

将式（4-27-7）代入式（4-27-5）中得：

$$V_{\mathrm{H}} = K_{\mathrm{H}} I_s B \qquad (4\text{-}27\text{-}8)$$

式（4-27-8）中，K_{H} 称为元件的灵敏度，它表示霍尔元件在单位磁感应强度和单位控制电流下的霍尔电势大小，其单位是 $[\mathrm{mV/(mA \cdot T)}]$，一般要求 K_{H} 越大越好。由于金属的电子浓度（n）很高，所以它的 R_{H} 或 K_{H} 都不大，因此不适宜作霍尔元件。此外元件厚度 d 越薄，K_{H} 越高，所以制作时，往往采用减少 d 的办法来增加灵敏度，但不能认为 d 越薄越好，因为此时元件的输入和输出电阻将会增加，这对霍尔元件是不希望的。本实验采用的双线圈霍尔片的厚度 d 为 0.2 mm，宽度 l 为 2.5 mm，长度 L 为 3.5 mm；螺线管霍尔片的厚度 d 为 0.2 mm，宽度 l 为 1.5 mm，长度 L 为 1.5 mm。

应当注意：当磁感应强度 B 和元件平面法线成一角度时，如图 4-27-2 所示，作用在元件上的有效磁场是其法线方向上的分量 $B\cos\theta$，此时

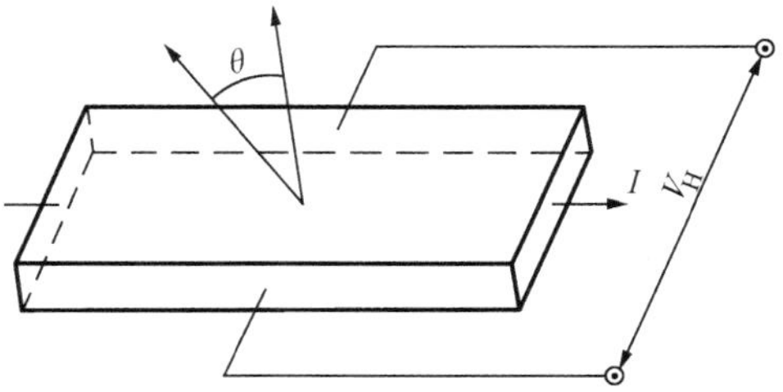

图 4-27-2　B 与法线垂直

$$V_{\mathrm{H}} = K_{\mathrm{H}} I_s B \cos\theta$$

所以一般在使用时应调整元件两平面方位，使 V_{H} 达到最大，即：$\theta = 0$，这时有

$$V_{\mathrm{H}} = K_{\mathrm{H}} I_s B \cos\theta = K_{\mathrm{H}} I_s B \qquad (4\text{-}27\text{-}9)$$

由式（4-27-9）可知，当工作电流 I_s 或磁感应强度 B，两者之一改变方向时，霍尔电势 V_{H} 方向随之改变；若两者方向同时改变，则霍尔电势 V_{H} 极性不变。

霍尔元件测量磁场的基本电路，如图 4-27-3 所示，将霍尔元件置于待测磁场的相应位置，并使元件平面与磁感应强度 B 垂直，在其控制端输入恒定的工作电流 I_s，霍尔元件的霍尔电势输出端接毫伏表，测量霍尔电势 V_H 的值。

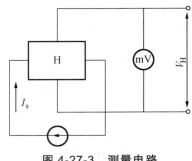

图 4-27-3 测量电路

【实验内容】

（1）按仪器面板上的文字和符号提示将 DH4512 型霍尔效应测试仪与 DH4512 型霍尔效应实验架正确连接。

① 将 DH4512 型霍尔效应测试仪面板右下方的励磁电流 I_M 的直流恒流源输出端（0 ~ 0.5 A），接 DH4512 型霍尔效应实验架上的 I_M 磁场励磁电流的输入端（将红接线柱与红接线柱对应相连，黑接线柱与黑接线柱对应相连）。

②"测试仪"左下方供给霍尔元件工作电流 I_s 的直流恒流源（0 ~ 3 mA）输出端，接"实验架"上 I_s 霍尔片工作电流输入端（将红接线柱与红接线柱对应相连，黑接线柱与黑接线柱对应相连）。

③"测试仪" V_H 霍尔电压输入端，接"实验架"中部的 V_H 霍尔电压输出端。

注意：以上三组线千万不能接错，以免烧坏元件。

④ 用一边是分开的接线插、一边是双芯插头的控制连接线与测试仪背部的插孔相连接（红色插头与红色插座相连，黑色插头与黑色插座相连）。

（2）研究霍尔效应与霍尔元件特性。

① 测量霍尔元件的零位（不等位）电势 V_0 和不等位电阻 R_0。

• 用连接线将中间的霍尔电压输入端短接，调节调零旋钮使电压表显示 0.00 mV。

• 将 I_M 电流调节到最小。

• 调节霍尔工作电流 $I_s = 3.00$ mA，利用 I_s 换向开关改变霍尔工作电流输入方向，分别测出零位霍尔电压 V_{01}、V_{02}，并计算不等位电阻：

$$R_{01} = \frac{V_{01}}{I_s} , \quad R_{02} = \frac{V_{02}}{I_s} \tag{4-27-10}$$

② 测量霍尔电压 V_H 与工作电流 I_s 的关系。

• 先将 I_s，I_M 都调零，调节中间的霍尔电压表，使其显示为 0 mV。

• 将霍尔元件移至线圈中心，调节 $I_M = 500$ mA，调节 $I_s = 0.5$ mA，按表中 I_s，I_M 正负情况切换"实验架"上的方向，分别测量霍尔电压 V_H 值（V_1, V_2, V_3, V_4）填入表 4-27-1。以后 I_s

每次递增 0.50 mA，测量各 V_1, V_2, V_3, V_4 值。绘出 V_H-I_s 曲线，验证线性关系。

表 4-27-1　V_H-I_s 曲线（$I_M = 500$ mA）

I_s/mA	V_1/mV	V_2/mV	V_3/mV	V_4/mV	$V_H = \dfrac{V_1 - V_2 + V_3 - V_4}{4}$ /mV
	$+I_s + I_M$	$+I_s - I_M$	$-I_s - I_M$	$-I_s + I_M$	
0.50					
1.00					
1.50					
2.00					
2.50					
3.00					

③ 测量霍尔电压 V_H 与励磁电流 I_M 的关系。

先将 I_M、I_s 调零，调节 I_s 至 3.00 mA；调节 $I_M = 100$、150、200，…，500 mA（间隔为 50 mA），分别测量霍尔电压 V_H 值填入表 4-27-2，根据表 4-27-2 中所测得的数据，绘出 I_M-V_H 曲线，验证线性关系的范围，分析当 I_M 达到一定值以后，I_M-V_H 直线斜率变化的原因。

表 4-27-2　V_H-I_M 曲线（$I_s = 3.00$ mA）

I_M/mA	V_1/mV	V_2/mV	V_3/mV	V_4/mV	$V_H = \dfrac{V_1 - V_2 + V_3 - V_4}{4}$ /mV
	$+I_s + I_M$	$+I_s - I_M$	$-I_s - I_M$	$-I_s + I_M$	
100					
150					
200					
⋮					
500					

④ 计算霍尔元件的霍尔灵敏度。

如果已知 B，根据公式 $V_H = K_H I_s B \cos\theta = K_H I_s B$，可知

$$K_H = \frac{V_H}{I_s B} \tag{4-27-11}$$

本实验采用的双个圆线圈（DH4512、DH4512A）的励磁电流与总的磁感应强度对应表见表 4-27-3。

表 4-27-3　励磁电流与磁感应强度对应表

电流值 I/A	0.1	0.2	0.3	0.4	0.5
中心磁感应强度 B/mT	2.25	4.50	6.75	9.00	11.25

使用螺线管做霍尔效应实验，螺线管中心磁感应强度根据下列公式计算

$$B = \frac{\mu_0 nI}{2}\left(\frac{x+L}{\left[R^2+(x+L)^2\right]^{1/2}} - \frac{x-L}{\left[R^2+(x-L)^2\right]^{1/2}}\right)$$

⑤ 测量样品的电导率 σ。

样品的电导率 σ 为

$$\sigma = \frac{I_s L}{V_\sigma l d} \qquad\qquad (4\text{-}27\text{-}12)$$

式（4-27-12）中，I_s 是流过霍尔片的电流，单位是 A；V_σ 是霍尔片长度 L 方向的电压降，单位是 V；长度 L、宽度 l 和厚度 d 的单位为 m，则 σ 的单位为 $S \cdot m^{-1}$（$1\,S = 1\,\Omega^{-1}$）。

测量 V_σ 前，先对毫伏表调零。按图 4-27-4 连接线路，其中 I_M 必须为 0，或者断开 I_M 连线。因为霍尔片的引线电阻相对于霍尔片的体电阻来说很小，因此可以忽略不计。

将工作电流从最小开始调节，用毫伏表测量 V_σ 值，由于毫伏表量程所限，这时的 I_s 较小。如需更大电压量程，也可用外接数字电压表测量。

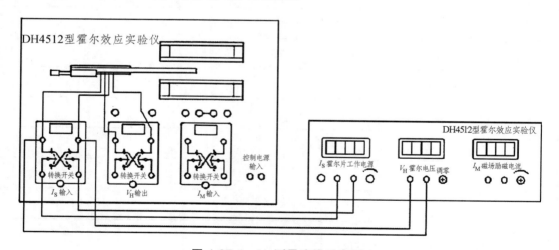

图 4-27-4　V_σ 测量连线示意图

（3）测量通电圆线圈中磁感应强度 B 的分布。

① 先将 I_M、I_s 调零，调节中间的霍尔电压表，使其显示为 0 mV。

② 将霍尔元件移至通电线圈中心，调节 $I_M = 500$ mA，调节 $I_s = 3.00$ mA，测量相应的 V_H。

③ 将霍尔元件从中心向边缘移动每隔 5 mm 选一个点测出相应的 V_H，填入表 4-27-4。

④ 由以上所测 V_H 值，由公式：$V_H = K_H I_s B$ 得到

$$B = \frac{V_H}{K_H I_s} \qquad\qquad (4\text{-}27\text{-}13)$$

由式（4-27-13）计算出各点的磁感应强度，并绘 B-x 图，得出通电圆线圈内 B 的分布。

表 4-27-4　V_H-x 曲线（$I_s = 3.00$ mA，$I_M = 500$ mA）

x/mm	V_1/mV $+I_s + I_M$	V_2/mV $+I_s - I_M$	V_3/mV $-I_s - I_M$	V_4/mV $-I_s + I_M$	$V_H = \dfrac{V_1 - V_2 + V_3 - V_4}{4}$ /mV
0					
5					
10					
15					
⋮					

【附录　实验系统误差及其消除】

测量霍尔电势 V_H 时，不可避免地会产生一些副效应，由此而产生的附加电势叠加在霍尔电势上，形成测量系统误差，这些副效应有：

（1）不等位电势 V_0。

由于制作时，两个霍尔电势不可能绝对对称地焊在霍尔片两侧，如图 4-27-5（a）所示，霍尔片电阻率不均匀、控制电流极的端面接触不良，如图 4-27-5（b）所示，都可能造成 A、B 两极不处在同一等位面上，此时虽未加磁场，但 A、B 间存在电势差 V_0，称不等位电势，$V_0 = I_s R_0$，R_0 是两等位面间的电阻。由此可见，在 R_0 确定的情况下，V_0 与 I_s 的大小成正比，且其正负随 I_s 的方向而改变。

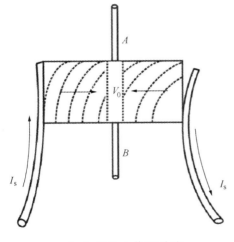

（a）霍尔电势不对称　　　　（b）霍尔片电阻率不均匀

图 4-27-5　不等位电势

（2）爱廷豪森效应。

当元件 X 方向通以工作电流 I_s，Z 方向加磁场 B 时，由于霍尔片内的载流子速度服从统计分布，有快有慢。在到达动态平衡时，在磁场的作用下慢速快速的载流子将在洛仑兹力和霍尔电场的共同作用下，沿 Y 轴分别向相反的两侧偏转，这些载流子的动能将转化为热能，使两侧的温升不同，因而造成 Y 方向上的两侧的温差 $(T_A - T_B)$。因为霍尔电极和元件两者材料不同，电极和元件之间形成温差电偶，这一温差在 A、B 间产生温差电动势 V_E，$V_E \propto IB$。这一效应称爱廷豪森效应，V_E 的大小与正负符号与 I、B 的大小和方向有关，跟 V_H 与 I、B 的关系相同，所以不能在测量中消除。

（3）伦斯脱效应。

由于控制电流的两个电极与霍尔元件的接触电阻不同，控制电流在两电极处将产生不同的焦耳热，引起两电极间的温差电动势，此电动势又产生温差电流（称为热电流）Q，热电流在磁场作用下将发生偏转，结果在 y 方向上产生附加的电势差 V_H，且 $V_H \propto QB$ 这一效应称为伦斯脱效应，由上式可知 V_H 的符号只与 B 的方向有关。

（4）里纪-杜勒克效应。

如（3）所述，霍尔元件在 X 方向有温度梯度 $\dfrac{\mathrm{d}T}{\mathrm{d}x}$，引起载流子沿梯度方向扩散而有热电流 Q 通过元件，在此过程中载流子受 Z 方向的磁场 B 作用下，在 Y 方向引起类似爱廷豪森效应的温差 $(T_A - T_B)$，由此产生的电势差 $V_H \propto QB$，其符号与 B 的方向有关，与 I_s 的方向无关。

为了减少和消除以上效应的附加电势差，利用这些附加电势差与霍尔元件工作电流 I_s，磁场 B（即相应的励磁电流 I_M）的关系，采用对称（交换）测量法进行测量。

当 $+I_s + I_M$ 时　　$V_{AB1} = +V_H + V_0 + V_E + V_N + V_R$

当 $+I_s - I_M$ 时　　$V_{AB2} = -V_H + V_0 - V_E + V_N + V_R$

当 $-I_s - I_M$ 时　　$V_{AB3} = +V_H - V_0 + V_E - V_N - V_R$

当 $-I_s + I_M$ 时　　$V_{AB4} = -V_H - V_0 - V_E - V_N - V_R$

对以上四式作如下运算则得

$$\frac{1}{4}(V_{AB1} - V_{AB2} + V_{AB3} - V_{AB4}) = V_H + V_E$$

可见，除爱廷豪森效应以外的其他副效应产生的电势差会全部消除，因爱廷豪森效应所产生的电势差 V_E 的符号和霍尔电势 V_H 的符号，与 I_s 及 B 的方向关系相同，故无法消除，但在非大电流、非强磁场下，$V_H \gg V_E$，因而 V_E 可以忽略不计，由此可得

$$V_H \approx V_H + V_E = \frac{V_1 - V_2 + V_3 - V_4}{4} \tag{4-27-14}$$

【思考题】

1. 如何判断磁场 B 的方向与霍尔片的法线是否一致？如果不一致对实验结果有何影响？
2. 如何利用霍尔效应测量磁场？
3. 怎样测定霍尔元件的灵敏度？
4. 利用霍尔片能测量间隙磁场吗？它对霍尔片的尺寸与磁场之中放置的位置有何要求？

实验 28   等厚干涉现象的研究

【实验目的】

（1）通过实验加深对等厚干涉现象的理解；

（2）学会使用干涉法测量透镜的曲率半径和细丝的微小直径；

（3）通过实验熟悉读数显微镜的使用方法。

【实验仪器】

读数显微镜、牛顿环、劈尖装置、钠光灯等。

【实验原理】

当一束单色光入射到透明薄膜上时，通过薄膜上下表面依次反射而产生两束相干光（分振幅法），如果这两束反射光相遇时的光程差取决于薄膜厚度，则同一级干涉条纹对应的薄膜厚度相等，这就是所谓的等厚干涉。本实验研究牛顿环和劈尖所产生的等厚干涉。

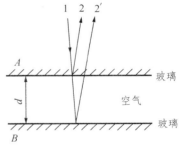

图 4-28-1   等厚干涉的形成

1. 等厚干涉原理

如图 4-28-1 所示，玻璃板 A 和玻璃板 B 叠放起来，中间夹有一层空气（即形成了空气劈尖）。设光线 1 垂直入射到厚度为 d 的空气薄膜上。入射光线在 A 板下表面和 B 板上表面分别产生反射光线 2 和 $2'$，二者在 A 板上方相遇，由于两束光线都是由光线 1 分出来的（分振幅法），所以频率相同、相位差恒定（与该处空气厚度 d 有关）、振动方向相同，因而会产生干涉。

在图 4-28-1 中，我们考虑光线 2 和 $2'$ 的光程差与空气薄膜厚度的关系。显然光线 $2'$ 比光线 2 多传播了一段距离 $2d$。此外，由于反射光线 $2'$ 是由光密媒质（玻璃）向光疏媒质（空气）反射，会产生半波损失，故总的光程差还应加上半个波长 $\lambda/2$，即 $\Delta = 2d + \lambda/2$。

根据干涉条件，当光程差为波长的整数倍时相互加强，出现明条纹；为半波长的奇数倍时互相减弱，出现暗条纹。因此有

$$\Delta = 2d + \frac{\lambda}{2} = \begin{cases} 2k \cdot \dfrac{\lambda}{2} & k = 1, 2, 3 \cdots \text{出现明条纹} \\[2mm] (2k+1) \cdot \dfrac{\lambda}{2} & k = 0, 1, 2 \cdots \text{出现暗条纹} \end{cases} \qquad (4\text{-}28\text{-}1)$$

从式（4-28-1）可知，光程差 Δ 取决于产生反射光的薄膜厚度。同一条干涉条纹所对应的空气厚度相同，故称为等厚干涉。

2. 牛顿环

当一块曲率半径很大的平凸透镜的凸面放在一块光学平板玻璃上，在透镜的凸面和平板玻璃间形成一个上表面是球面、下表面是平面的空气薄层，其厚度从中心接触点到边缘逐渐

增加。离接触点等距离的地方，厚度相同，等厚膜的轨迹是以接触点为中心的圆。

如图 4-28-2 所示，当透镜凸面的曲率半径 R 很大时，在 P 点处相遇的两反射光线的光程差为该处空气间隙厚度 d 的两倍，即 $2d$ 。又因这两条相干光线中一条光线来自光密媒质面上的反射，另一条光线来自光疏媒质上的反射，它们之间有一附加的半波损失，所以在 P 点处得两相干光的总光程差为

$$\Delta = 2d + \lambda/2 \qquad\qquad (4\text{-}28\text{-}2)$$

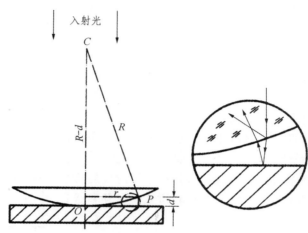

图 4-28-2   凸透镜干涉光路图

当光程差满足

$$\Delta = 2m \cdot \frac{\lambda}{2} \quad (m = 1，2，3\cdots时，为明条纹)$$

$$\Delta = (2m+1) \cdot \frac{\lambda}{2} \quad (m = 0，1，2\cdots时，为暗条纹)$$

设透镜 L 的曲率半径为 R ， r 为环形干涉条纹的半径，且半径为 r 的环形条纹下面的空气厚度为 d ，则由图 4-28-2 中的几何关系可知

$$R^2 = (R-d)^2 + r^2 = R^2 - 2Rd + d^2 + r^2$$

因为 $R \gg d$ ，故可略去 d^2 项，则可得

$$d = \frac{r^2}{2R} \qquad\qquad (4\text{-}28\text{-}3)$$

式（4-28-3）表明，离中心越远，光程差增加越快，所看到的牛顿环也变得越来越密，如图 4-28-3 所示。将式（4-28-3）式代入式（4-28-2）式有

$$\Delta = \frac{r^2}{R} + \frac{\lambda}{2} \qquad\qquad (4\text{-}28\text{-}4)$$

则根据牛顿环的明暗纹条件

图 4-28-3   牛顿环

$$\Delta = \frac{r^2}{R} + \frac{\lambda}{2} = 2m \cdot \frac{\lambda}{2}, \quad m = 1, 2, 3 \cdots （明条纹）$$

$$\Delta = \frac{r^2}{R} + \frac{\lambda}{2} = (2m+1) \cdot \frac{\lambda}{2}, \quad m = 0, 1, 2 \cdots （暗条纹）$$

由此可得，牛顿环的明、暗条纹的半径分别为

$$r_m = \sqrt{mR\lambda} \quad （暗条纹） \tag{4-28-5}$$

$$r'_m = \sqrt{(2m-1)R \cdot \frac{\lambda}{2}} \quad （明条纹） \tag{4-28-6}$$

式（4-28-5）和（4-28-6）中，m 为干涉条纹的级数；r_m 为第 m 级暗条纹的半径；r'_m 为第 m 级明条纹的半径。

以上两式表明，当 λ 已知时，只要测出第 m 级亮环（或暗环）的半径，就可计算出透镜的曲率半径 R；相反，当透镜的曲率半径 R 为已知时，即可算出波长 λ。

观察牛顿环时将会发现，牛顿环中心不是一个点，而是一个不甚清晰的暗或亮的圆斑。其原因是透镜和平玻璃板接触时，由于接触压力引起形变，使接触处为一圆面；考虑到镜面上可能有微小灰尘等存在，从而引起附加的程差，这都会给测量带来较大的系统误差。

我们可以通过测量距中心较远的、比较清晰的两个暗环纹的半径的平方差来消除附加程差带来的误差。假定附加厚度为 a，则光程差为

$$\Delta = 2(d \pm a) + \frac{\lambda}{2} = (2m+1) \cdot \frac{\lambda}{2}$$

则

$$d = m \cdot \frac{\lambda}{2} \pm a \tag{4-28-7}$$

将式（4-28-7）代入（4-28-2）和（4-28-4）得

$$r^2 = mR\lambda \pm 2Ra \tag{4-28-8}$$

取第 m、n 级暗条纹，则对应的暗环半径为

$$r_m^2 = mR\lambda \pm 2Ra, \quad r_n^2 = nR\lambda \pm 2Ra$$

将两式相减，得

$$r_m^2 - r_n^2 = (m-n)R\lambda \tag{4-28-9}$$

由式（4-28-9）可知，$r_m^2 - r_n^2$ 与附加厚度 a 无关。

由于暗环圆心不易确定，故取暗环的直径替换，因而，透镜的曲率半径为

$$R = \frac{D_m^2 - D_n^2}{4(m-n)\lambda} \tag{4-28-10}$$

由式（4-28-10）可以看出，透镜的曲率半径 R 与附加厚度无关，且有以下特点：

169

（1）R 与环数差 $m-n$ 有关。

（2）对于 $(D_m^2 - D_n^2)$，由几何关系可以证明，两同心圆直径的平方差等于对应弦的平方差。因此，测量时无须确定环心位置，只要测出同心暗环对应的弦长即可。

本实验中，入射光的波长已知（ $\lambda = 589.3\,\text{nm}$ ），只要测出 D_m、D_n，就可求得透镜的曲率半径 R。

3. 劈尖干涉

在劈尖架上两个光学平玻璃板中间的一端插入一薄片（或细丝），则在两玻璃板间形成一空气劈尖。当一束平行单色光垂直照射时，则被劈尖薄膜上下两表面反射的两束光进行相干叠加，形成干涉条纹。其光程差为 $\Delta = 2d + \lambda/2$，其中 d 为空气隙的厚度。

产生的干涉条纹是一簇与两玻璃板交接线平行且间隔相等的平行条纹，如图 4-28-4 所示。

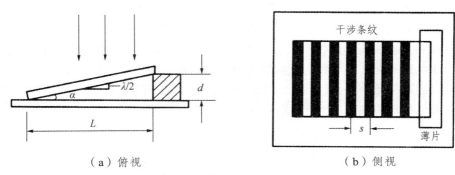

（a）俯视　　　　　　　　　　　　　　（b）侧视

图 4-28-4　劈尖干涉测厚度示意图

同样，根据牛顿环的明暗纹条件有

$$\Delta = 2d + \frac{\lambda}{2} = 2m \cdot \frac{\lambda}{2}，\quad m = 1，2，3\cdots\text{时，为明条纹}$$

$$\Delta = 2d + \frac{\lambda}{2} = (2m+1) \cdot \frac{\lambda}{2}，\quad m = 0，1，2\cdots\text{时，为暗条纹}$$

显然，同一明纹或同一暗纹都对应相同厚度的空气层，因而是等厚干涉。同样可以得到，两相邻明条纹（或暗条纹）对应空气层厚度差都等于 $\lambda/2$；则第 m 级暗条纹对应的空气层厚度为：$D_m = m\dfrac{\lambda}{2}$，假若夹薄片后劈尖正好呈现 N 级暗纹，则薄层厚度为

$$D = N\frac{\lambda}{2} \tag{4-28-11}$$

用 α 表示劈尖形空气间隙的夹角，s 表示相邻两暗纹间的距离，L 表示劈间的长度，则有

$$\alpha \approx \tan\alpha = \frac{\lambda/2}{s} = \frac{D}{L}$$

则薄片厚度为

$$D = \frac{L}{s} \cdot \frac{\lambda}{2} \qquad\qquad (4\text{-}28\text{-}12)$$

由式（4-28-12）可知，如果求出空气劈尖上总的暗条纹数 N，或测出劈尖的 L 和相邻暗纹间的距离 s，都可以由已知光源的波长 λ 测定薄片厚度（或细丝直径） D。

【实验内容】

1. 用牛顿环测量透镜的曲率半径

1）牛顿环装置的调节

对着日光灯，观察牛顿环装置，调节螺钉，保证接触点大小、位置适中。

2）调节读数显微镜

先调节目镜到清楚地看到叉丝且分别与 X、Y 轴大致平行，然后将目镜固定紧。将牛顿环放置在读数显微镜筒和入射光调节木架的玻璃片的下方，木架上的透镜要正对着钠光灯窗口，调节玻璃片的角度，使通过显微镜目镜观察时视场最亮。再调节显微镜的镜筒使其下降（注意：应该从显微镜外面看，而不是从目镜中看）靠近牛顿环时，再自下而上缓慢地再上升，直到在目镜里能看清楚干涉条纹，且与叉丝无视差。

3）测量牛顿环的直径

转动测微鼓轮使载物台移动，使主尺读数准线居主尺中央。旋转读数显微镜控制丝杆的螺旋，使叉丝的交点由暗斑中心向右移动，同时数出移过去的暗环环数（中心圆斑环序为0），当数到32环时，再反方向转动鼓轮到 $m = 30$ 环，使叉丝与环相切，记录读数。然后继续转动测微鼓轮，使叉丝依次与29、28、27、…、6、5环相切，顺次记下读数；再继续转动测微鼓轮，使叉丝依次与左方的5、6、7、…、29、30环相切，顺次记下读数，填入自己设计的表格中。

注意：使用读数显微镜时，为了避免引起螺距差，移测时必须向同一方向旋转，中途不可倒退，至于自右向左，还是自左向右测量都可以。

2. 用劈尖干涉法测微小厚度（微小直径）

（1）将被测细丝（或薄片）夹在两块平玻璃之间，然后置于显微镜载物台上。用显微镜观察、描绘劈尖干涉的图像。改变细丝在平玻璃板间的位置，观察干涉条纹的变化。

（2）由式（4-28-11）可知，当波长已知时，在显微镜中数出干涉条纹的数目 N（一般来说 N 值较大），即可得到相应的薄片厚度。为避免记数 N 出现差错，可先测出某长度 L_x 间的干涉条纹数目 X，得出某单位长度内的干涉条纹数目 $n = X/L_x$。若细丝与劈尖棱边而距离为 L，则共出现的干涉条纹数目 $N = nL$。代入式（4-28-11），可得到薄片的厚度为

$$D = nL\frac{\lambda}{2}$$

【注意事项】

（1）应尽量使叉丝对准干涉暗环中央读数。

（2）不要读错环数。读数时移测显微镜始终向一个方向转动，防止仪器的回程误差，否则全部数据作废。

（3）实验时要把移测显微镜载物台下的反射镜翻转过来，不要让光从窗口经反射镜把光反射到载物台上，以免影响对暗环的观测。

（4）当用镜筒对待测物聚焦时，为防止损坏显微镜物镜，正确的调节方法是使镜筒移离待测物（即提升镜筒）。

【思考题】

1. 理论上牛顿环中心是个暗点，实际看到的往往是一个忽明忽暗的斑，造成的原因是什么？对透镜曲率半径 R 的测量有无影响？ 为什么？

2. 牛顿环的干涉条纹各环间的间距是否相等？为什么？

3. 用白光照射时能否看到牛顿环和劈尖干涉条纹？此时的条纹有什么特征？

4. 实验中如何避免读数显微镜的回程误差？

实验 29　光栅特性研究

【实验目的】

（1）熟悉分光计的使用方法；

（2）加深对光的衍射理论及光栅分光原理的理解；

（3）掌握用平面透射光栅测定光波波长、光栅常数、角色散率及分辨率的方法。

【实验仪器】

分光计、平面透射光栅、汞灯等。

【实验原理】

与棱镜一样，光栅也是一种重要的分光光学元件，广泛应用在光学测量仪器（如单色仪、摄谱仪）中。光栅实际上就是一组数目很多、排列紧密而又均匀的平行狭缝。利用透射光工作的称为透射光栅，利用反射光工作的称为反射光栅。本实验使用平面透射光栅。

如图 4-29-1 所示，设 S 为位于透镜 L₁ 物方焦平面上的细长狭缝光源，G 为平面衍射光栅，光栅上相邻狭缝间透光部分宽度为 b，不透光部分宽度为 a，$d=a+b$ 称为光栅常数。自 L₁ 射出的平行光（假设为单色光）垂直照射在光栅 G 上。透镜 L₂ 将与光栅法线成 φ_k 角的衍射光会聚于其像方焦平面上的 P_k 点，则产生衍射明条纹的条件为

$$d \sin \varphi_k = k\lambda \quad （k=\pm 1，\pm 2，\cdots）$$

（4-29-1）

式（4-29-1）称为光栅方程。式中 d 为光栅常数，φ_k 为 k 级明条纹的衍射角，λ 为入射光波波长，k 称为光谱级数。

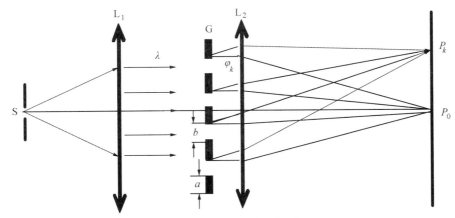

图 4-29-1　平面透射光栅原理

如果入射光不是单色光，则由式（4-29-1）可以看出，光的波长不同，其衍射角 φ_k 也不相同，于是复色光将被分解，而在中央 $k=0$、$\varphi_k=0$ 处，各色光仍重叠在一起，组成中央明条纹（明亮的零级像）。在中央明条纹两侧对称地分布着 $k=\pm1$，$\pm2\cdots$级光谱，各级光谱线都按波长大小的顺序依次排列成一组彩色谱线，这样就可以把复色光分解为单色光。

如果已知光栅常数 d，用分光计测出 k 级谱线对应的衍射角 φ_k 时，则可由式（4-29-1）求出该谱线的波长 λ；反之，若已知谱线的波长 λ，则可求出光栅常数 d。

光栅是一种色散元件，其基本特征可用角色散率 D 和分辨本领 R 来描述。角色散率 D 定义为同一级光谱中，单位波长间隔内两单色谱线之间的角间距，即

$$D=\frac{\Delta\varphi}{\Delta\lambda} \qquad (4-29-2)$$

将式（4-29-1）微分即可得

$$D=\frac{\mathrm{d}\varphi}{\mathrm{d}\lambda}=\frac{k}{d\cos\varphi} \qquad (4-29-3)$$

由式（4-29-3）可知，光栅常数 d 越小（光栅各缝越紧密），其角色散率 D 越大，即两波长差很小的光谱线被分开的角度越大。光谱的级次越高，角色散率也越大；当衍射角不大时，$\cos\varphi$ 近于不变，角色散率几乎与波长无关，即光谱随波长的分布比较均匀，这与棱镜的不均匀色散有着明显的不同。

实际上，是否能观察到两波长差很小的谱线被分开，不仅取决于其角色散率 D，更重要的是其分辨率。因为，如果两谱线被分开得较大而每条谱线都很宽，则仍然不能分辨出是两条谱线。

光栅的分辨率定义为是两条刚能被光栅分开的谱线的波长差与平均波长比值的倒数，即

$$R=\frac{\Delta\lambda}{\lambda} \qquad (4-29-4)$$

由瑞利判断和光栅光强分布函数可以导出

$$R = kN \qquad\qquad (4\text{-}29\text{-}5)$$

式（4-29-5）中，N 是被入射平行光照射的光栅光缝的总条数。由式（4-29-5）可知，为了分开两条很靠近的谱线，则不仅要光栅缝很密（光栅常数 d 很小），而且要缝很多，并且入射光孔很大，把这许多缝都照亮才行。

【实验内容】

1. 分光计的调节

调节分光计，使其达到以下要求：
（1）望远镜适应平行光（对无穷远调焦）。
（2）望远镜、准直管主轴均垂直于仪器主轴。
（3）准直管发出平行光，并使其光轴与望远镜的光轴重合。

狭缝宽度调至约 1 mm，并使叉丝竖线与狭缝平行，叉丝交点恰好在狭缝像的中点，再注意消除视差。调节完成后固定望远镜。

2. 平面透射光栅的调节

在完成上述分光计调节的基础上进行光栅位置调节，使其达到以下要求：
（1）光栅平面与仪器转轴平行，且垂直于入射平行光，确保入射光垂直入射。
（2）平行光管狭缝与光栅刻痕相平行。
具体调节步骤：
（1）将望远镜对准准直管，从望远镜中观察被照亮的准直管狭缝的像，使其与叉丝的竖线重合，固定望远镜。

（2）按图 4-29-2 放置光栅，移开或关闭狭缝照明灯，左右转动载物台，找到反射的"绿叉丝"，调节载物台下调节螺钉 b_2 或 b_3 使"绿十字叉丝"和目镜中的调整叉丝重合，此时，光栅平面已与仪器转轴平行且垂直于入射平行光。

（3）用汞灯照亮准直管狭缝，转动望远镜观察光谱，如果左右两侧光谱线相对于目镜中叉丝的水平线高低不一时，说明光栅的狭缝与准直管狭缝光源不平行，此时可调节载物台下调节螺钉 b_1，使它们平行。

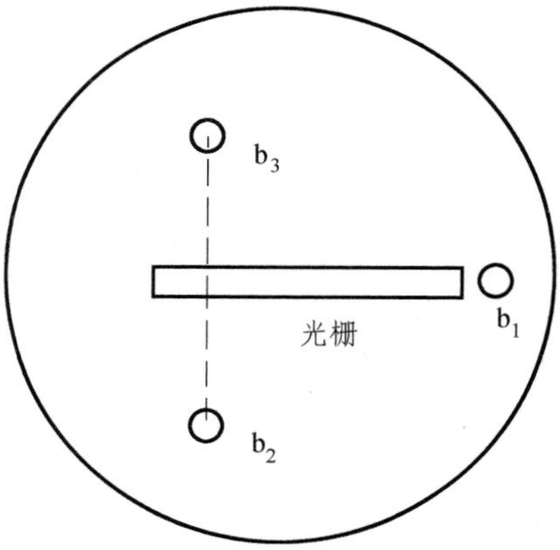

图 4-29-2 光栅放置位置

3. 测光栅常数 d

由式（4-29-1）可得

$$d = \frac{k\lambda}{\sin\varphi_k} \qquad\qquad (4\text{-}29\text{-}6)$$

只要测出第 k 级光谱中波长 λ 已知的谱线的衍射角 φ_k，即可求出光栅常数 d。

衍射角 φ_k 的测量方法如下：

转动望远镜到光谱一侧，使叉丝的竖直线对准已知波长的第 k 级谱线的中心，记录两游标读数 φ_1、φ_2；再转动望远镜到光谱另一侧，使叉丝的竖直线对准同波长的同级谱线的中心，记录两游标读数 φ_1'、φ_1'，可得衍射角为

$$\varphi = \frac{1}{2}(|\varphi_1' - \varphi_1| + |\varphi_2' - \varphi_2|) \tag{4-29-7}$$

4. 测光谱线波长 λ

由式（4-29-1）可得

$$\lambda = \frac{d \sin \varphi_k}{k} \tag{4-29-8}$$

只要测出未知波长的第 k 级光谱的衍射角 φ_k，即可求出波长 λ，测量方法同上。

5. 测量光栅的角色散率 D 和分辨率 R

用汞灯作光源，测量第一级（$k=1$）的两条黄线 λ_1、λ_2 的衍射角 φ_1、φ_2，代入式（4-29-8）求出 λ_1、λ_2，并算出波长差 $\Delta\lambda = |\lambda_2 - \lambda_1|$、平均波长 $\bar{\lambda}$ 和 $\Delta\varphi = |\varphi_2 - \varphi_1|$，由式（4-29-2）求出光栅的角色散率 D，由式（4-29-4）求出光栅的分辨率 R。

【注意事项】

（1）汞灯的紫外线很强，不可直视，以免损伤眼睛。

（2）测量衍射角时应防止光栅移动，特别是不能调节主刻盘的微动螺丝以免引起测量的错误。

（3）光栅是精密光学器件，严禁用手触摸刻痕，以免弄脏或损坏。

【思考题】

1. 比较棱镜和光栅分光的主要区别。
2. 光栅光谱和棱镜光谱有哪些不同？
3. 光栅平面与入射平行光不严格平行时，对实验有何影响？
4. 当狭缝太宽、太窄时将会出现什么现象？为什么？
5. 试设计一种不用分光计，只用米尺和光栅测量光栅常数 d 和波长 λ 的方案。

实验 30 偏振现象的观察与分析

【实验目的】

（1）通过观察偏振光的偏振现象，加深对光波传播规律的认识；

（2）掌握产生和检验偏振光的原理和方法；

（3）验证马吕斯定律和布儒斯特定律。

【实验仪器】

偏振光实验仪，激光光源，数字式检流计（$1 \times 10^{-10} \sim 1.99 \times 10^{-4}$A，四挡），玻璃堆，可旋转偏振片 2 个，$\frac{1}{4}$ 波片与 $\frac{1}{2}$ 波片各 1 个（632.8 nm）。

【实验原理】

1. 偏振光的概念

光是某一波段的电磁波，光振动矢量 **E** 与其传播方向相垂直，所以光是横波。由于横波的振动矢量相对于传播方向具有不对称性（称为偏振性），因而，光具有偏振现象。自然光经过媒质的反射、折射或者吸收后，在某一方向上振动比另外方向上强，这种光称为部分偏振光。如果光振动始终被限制在某一确定的平面内，则称为平面偏振光，也称为线偏振光或完全偏振光。偏振光电矢量 **E** 的端点在垂直于传播方向的平面内运动轨迹是一圆周的，称为圆偏振光，是一椭圆的则称为椭圆偏振光。

自然光变成偏振光称作起偏，其使用的元器件称为起偏器；检验光的偏振态称作检偏，其使用的元器件称为检偏器。起偏器和检偏器统称为偏振器（片）。

2. 获得平面偏振光的方法

可以用反射和透射两种方式获得平面偏振光。

1）反透式起偏

自然光从介质 n_1 入射到介质 n_2 的界面处发生反射和折射时，反射光和折射光一般为部分偏振光，如图 4-30-1 所示。当入射角 i_1 满足 $\tan i_1 = \dfrac{n_2}{n_1}$ 时，入射角与折射角之和为 90°，反射光成为振动方向垂直于入射面的平面偏振光，折射光为部分偏振光，如图 4-30-2 所示，这个规律称为布儒斯特定律，此时的入射角称为布儒斯特角或起偏角，用 i_{10} 表示。

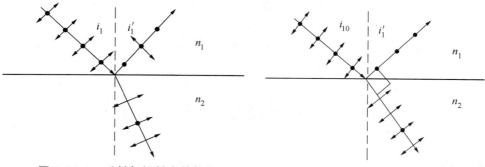

图 4-30-1　反射与折射光的偏振　　　图 4-30-2　布儒斯特角

如果自然光以入射角 i_{10} 投射在多层的玻璃堆上，经过多次反射后，透射出的光也接近于平面偏振光，其振动面平行于入射面，如图 4-30-3 所示。

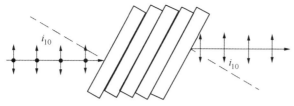

图 4-30-3　多层玻璃堆

2）透射式起偏

自然光通过具有强烈二向色性的物质构成的偏振片，或通过具有双折射现象的晶体起偏器时，透射光将是平面偏振光。偏振片一般用具有网状分子结构的高分子化合物——聚乙烯醇薄膜作为片基，将这种薄膜浸染具有强烈二向色性的碘，经过硼酸水溶液的还原稳定后，再将其单向拉伸 4~5 倍以上而制成；晶体起偏器是利用晶体的双折射原理，按一定的要求制成的偏振元件，用其可获得较高质量的平面偏振光，如尼科尔棱镜等。

3. 获得椭圆偏振光的方法

由表面平行于光轴的单轴晶体制成厚度为 L 的薄片称为波片。一束振幅为 A 的平面偏振光垂直入射在波片表面上，且振动方向与光轴夹角为 θ，在晶体内分解成 o 光和 e 光，振幅分别是 $A_o = A\sin\theta$，$A_e = A\cos\theta$。经过波片后，二光产生相位差

$$\Delta\varphi = 2\pi(n_o - n_e)\frac{L}{\lambda_0} A\sin\theta \qquad (4\text{-}30\text{-}1)$$

式（4-30-1）中，λ_0 为光在真空中的波长；n_o、n_e 为晶片对 o 光和 e 光的折射率。

因为波片能使 o 光或 e 光的相位推迟，所以波片又称为移相器。相位推迟 π 的称为 $\frac{1}{2}$ 波片（或半波片），相位推迟 $\frac{\pi}{2}$ 的称为 $\frac{1}{4}$ 波片。

o 光和 e 光振动方向相互垂直，频率相同，位相差恒定，由振动合成可得

$$\frac{x^2}{A_e^2} + \frac{y^2}{A_o^2} - \frac{2xy}{2A_e A_o}\cos^2\Delta\varphi = \sin^2\Delta\varphi \qquad (4\text{-}30\text{-}2)$$

式（4-30-2）是椭圆方程式，代表椭圆偏振光。当 $\Delta\varphi = 2k\pi$（$k = 1, 2, 3, \cdots$）及 $A_o = A_e$ 时，合成振动为圆偏振光。

平面偏振光通过 $\frac{1}{4}$ 波片后，透射光一般为椭圆偏振光，如图 4-30-4 所示。当平面偏振光的振动方向与波片光轴的夹角为 $\frac{\pi}{4}$ 时则为圆偏振光；当夹角为 0 或 $\frac{\pi}{2}$ 时，椭圆偏振光退化成线偏振光。所以，$\frac{1}{4}$ 波片可将平面偏振光变成椭圆偏振光或圆偏振光，也可将椭圆偏振光或圆偏振光变成平面偏振光。

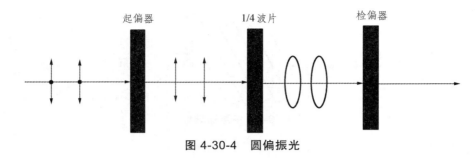

图 4-30-4　圆偏振光

当平面偏振光的振动方向与波片光轴的夹角为 α 时，通过 $\frac{1}{2}$ 波片后仍为平面偏振光，但其振动面相对于原入射光转过 2α 角。

4. 马吕斯定律

如图 4-30-5 所示，自然光通过偏振片（起偏器）变成光强为 I_0 、振幅为 A 的平面偏振光，再垂直入射到另一块偏振片（检偏器）上，出射光强为

$$I = I_0 \cos^2 \alpha \qquad\qquad （4\text{-}30\text{-}3）$$

式（4-30-3）中 α 为两偏振片透振方向之间的夹角。

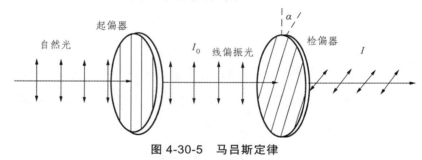

图 4-30-5　马吕斯定律

显然，若以光的传播方向为轴旋转检偏器时，透射光强 I 会发生周期性的变化。当检偏器旋转一周，光强会交替出现两个极大和两个极小，这样，根据透射光强变化的情况，我们可以检定入射光的偏振态。

【实验内容】

1. 激光光源调节

调焦：在导轨平台两端分别放置激光光源和白屏，轻旋激光器上调焦镜，使屏上光斑最小即可。

调光束发散角度：撤掉白屏换上光电接收器，联调激光器和接收器的二维磁力滑座，使光信号进入接收器。在光路上放置一偏振片（旋转角 0°），轻旋半导体激光头使检流计数值较大。

2. 平面偏振光的产生与检定

在光源与接收器间放置两可旋转偏振片，靠近光源的为起偏器，靠近接收器的为检偏器。

旋转检偏器观察接收器光强变化，由偏振片转盘刻度值可知，当起偏器、检偏器的偏振化方向平行时，光最强；偏振化方向垂直时，光强为零（称为消光）。当检偏器旋转一周时，光强变化 4 次，两明两消。固定检偏器，旋转起偏器可产生同样的现象。

3. 验证马吕斯定律

同步骤 2 放置两可旋转偏振片，并使起偏器和检偏器正交，记录接收器读数，然后将检偏器间隔 10°～15° 转动一次并记录一次，直至 90° 为止。利用所得实验数据验证式（4-30-3）。

4. 观察折射光的偏振

（1）在导轨平台一端放置激光光源，载物台置于导轨中部，在载物台上顺序放置玻璃堆、可旋转偏振片和白屏。

（2）转动载物台内盘，使入射光以 50°～60° 角射入，通过偏振片可观察到透过玻璃堆的光斑。

（3）调整偏振片位置，使透射光垂直入射到偏振片上，旋转偏振片，在屏上可观察到光的强弱变化，说明透过玻璃堆的折射光是部分偏振光。当偏振片转盘指向 0° 时光最暗，指向 90° 时光最强，说明折射光是平行于入射面振动的光比垂直于入射面振动的光要强。

（4）若玻璃堆厚度足够，可在偏振片转盘指向 0° 的方向上使屏上光强为零，说明玻璃堆起到了起偏器的作用。

5. 观察反射光的偏振

（1）将步骤 4 中的玻璃堆换为涂黑反射镜，并使反射镜的反射光垂直入射到偏振片上。

（2）转动载物台内盘，使入射光以 50°～60° 角射入，通过偏振片可观察到反射镜的反射光斑。

（3）旋转偏振片，在屏上可观察到光的强弱变化，说明透过玻璃堆的折射光是部分偏振光。当偏振片转盘指向 0° 时光最强，指向 90° 时光最暗，说明反射光是垂直于入射面振动的光比平行于入射面振动的光要强。

（4）保持偏振片转盘指向 90°，转动载物台改变入射角，并联调偏振片位置确保反射光垂直入射，可找到屏上光强为零的位置，此时，入射角为布儒斯特角，反射光为垂直于入射面振动的平面偏振光。

6. 测量布儒斯特角

（1）按步骤 1 调节激光光源。

（2）将玻璃堆置于载物台上，调节载物台高度使入射光入射在玻璃堆的中部偏上，并使玻璃堆垂直于光轴。此时，入射光沿玻璃堆法线方向射向光电接收器。

（3）旋转载物台内盘使入射光以 50°～60° 角射入玻璃堆，并在载物台上顺序放入偏振片、白屏，使反射光垂直通过偏振片照射到白屏上。旋转偏振片使屏上光强处于较暗位置。

（4）转动载物台内盘，观察白屏上反射光亮度的改变，如果亮度渐渐变弱，再旋转偏振片使亮度更弱。反复调整直至亮度最弱，接近全暗。

（5）再旋转偏振片，如果反射光的亮度由黑变亮，再变黑，说明此时反射光已是平面偏振光，记录载物台度盘两个读数 θ_1 和 θ_1'。

（6）转动载物台内盘，使入射光沿玻璃堆的法线入射到光电接收器上，使数显表头读数最大。记录载物台度盘两个读数 θ_2 和 θ_2'。

（7）根据实验测定数据求出布儒斯特角

$$i_{10} = \frac{1}{2}(|\theta_1 - \theta_2| + |\theta_1' - \theta_2'|)$$

7. 观察椭圆偏振光或圆偏振光

（1）将激光光源、偏振片（起偏器）、$\frac{1}{4}$ 波片、偏振片（检偏器）、白屏顺序放置在导轨平台，点亮光源。

（2）旋转检偏器一周，在白屏上可观察到光强的强弱变化，此时，入射到检偏器上的是椭圆偏振光。

（3）旋转 $\frac{1}{4}$ 波片，重复步骤（2），在白屏上观察一周内有两次消光时，入射到检偏器上的是圆偏振光；此时 $\frac{1}{4}$ 波片的光轴与起偏器的透振化方向成 45°角。

（4）取下 $\frac{1}{4}$ 波片，使两偏振片正交，视场最暗。在两偏振片之间放入 $\frac{1}{2}$ 波片（示数为 0），使 $\frac{1}{2}$ 波片的光轴与起偏器的透振化方向成 α 角，视场变亮。旋转检偏器使视场最暗，此时检偏器的转盘刻度值相对于起偏器转过了 2α 角。

【思考题】

1. 两偏振片置于导轨平台上，正交后消光，一片不动，另一片的 2 个表面转换 180°，会有什么现象？如有出射光，是什么原因？

2. 两片正交偏振片中间再插入一偏振片会有什么现象？怎样解释？

3. 波片的厚度与光源的波长有什么关系？

第5章 设计性实验

设计性实验是实验教学改革中出现的新的实验教学方式，它既不同于以掌握进行科学实验的基本知识、基本方法和基本技能为基础的常规教学实验，又不同于在工程实践中以解决生产、科研中的具体问题为目的的实验设计。无论从它的形式、内容还是要求来看，都还需要不断充实、发展和完善。

设计性实验开设的目的，主要是着眼于开发学生的智力，培养学生分析问题、解决问题的能力。它是对学生实验技能和理论知识综合应用的检验，也是训练学生自己查阅资料、拟定实验方案、选择和组装仪器、测试和处理数据、写出实验报告这一全过程的极好机会。

设计性实验是一种介于基本教学实验与实际科学实验之间的、具有对科学实验全过程进行初步训练特点的教学实验。设计性实验的核心是设计、选择实验方案，并在实验中检验方案的正确性与合理性。设计性实验一般分为两种类型：一是先给定某种主要仪器设备，让学生根据已知原理，拟定实验方案，选择和组装实验所需的其他仪器设备，完成某一物理量的测定；二是给定一个新的实验项目，让学生根据所学的知识，自拟实验方案，自选实验仪器，自己组装线路和设备，完成实验项目所提出的要求。

下面的框图是一般设计性实验的研究过程的简述，供学生了解进行科学实验研究的一般过程，以便在设计性实验中借鉴。

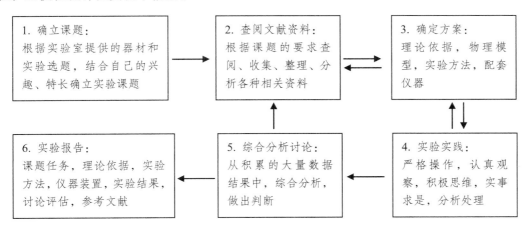

总之，一个好的实验设计，需要通过实验的具体实践，加以审查，当所得的实验结果及其误差完全符合任务要求，各仪表使用运转正常时，设计才算完成。否则，还应根据具体实践的反馈情况对设计进行修改、补充，使其进一步完善。

需要强调的是，在完成测试任务、得出实验结果以后，还必须整理实验数据（列出表格），做出最终实验结果的总结，分析讨论经验教训，并列出主要参考文献资料。

实验 31　微小长度的测量

长度是一个基本物理量。广义的长度测量，覆盖了整个物理学研究的尺度范围——小到基本粒子、大到宇宙深处（$10^{-16} \sim 10^{26}$），跨越了从微观的基本粒子到现代天文学的整个研究领域。长度测量包含了如此丰富的内容，所以人们根据被研究物体的尺寸和物质结构、性质随尺寸的变化而发生的质的变化，划分了若干领域。对于不同的研究领域的长度测量，可以采用不同的实验方法和仪器装置。

【实验目的】

（1）了解测量物体长度的基本方法；
（2）学习仪器的合理选择与使用；
（3）熟练掌握基本测长仪器的操作技能。

【实验仪器】

移测显微镜（读数显微镜）、牛顿环装置、光杠杆和尺度望远镜、迈克尔逊干涉仪等。

【实验要求】

（1）用 3 种以上的方法测定细丝的直径（$10 \sim 100$ μm）。
（2）自己设计实验装置，并画出实验草图。

【实验报告的要求】

（1）简要介绍实验涉及的基本原理。
（2）写清楚本实验的设计思路、实验过程和实验结果。
（3）光杠杆是如何对微小长度进行放大的？
（4）谈谈本实验的收获、体会和改进意见。

实验 32　简谐振动的研究

简谐振动是自然界中最简单、最基本的一种振动。一切复杂的振动都可以分解为若干个简谐振动，因此研究简谐振动对进一步研究复杂振动有着重要的意义。本实验就弹簧振子的简谐振动规律进行研究。

【实验目的】

（1）观测简谐振动的运动特征，验证胡克定律；
（2）通过简谐振动，研究弹簧在振动时的有效质量，并测定弹簧的劲度系数；

（3）掌握多种数据处理方法。

【实验仪器】

焦利氏秤、轻弹簧、数字毫秒计（或秒表）、砝码、物理天平等。

【实验要求】

（1）设计一个验证胡克定律的实验方案，写出要验证的规律与验证方法。
（2）设计测量弹簧的劲度系数和有效质量的实验方法。
（3）根据实验提供的仪器，撰写实验方案，列出实验步骤。
（4）正确记录数据，分别用作图法、最小二乘法、逐差法处理实验数据，计算弹簧的劲度系数和有效质量。

【注意事项】

（1）做简谐振动的弹簧不能用手随便拉伸，以免超过弹性限度，不能恢复原状。
（2）如果系统在水平方向振动，振动物体与接触面间一定要尽可能地光滑，以确保摩擦力足够地小。

实验 33　冰的熔解热的测定

一定压强下晶体开始熔解时的温度，称为该晶体在该压强下的熔点。质量为 1 kg 的某种晶体熔解成为同温度的液体所吸收的热量，叫作该晶体的熔解热。熔解热是破坏晶体点阵结构所需要的能量，可用来衡量晶体中结合能的大小，它是物质物理性质的重要参数。

【实验目的】

（1）研究用混合法测定冰的熔解热；
（2）设计用冷热补偿法修正散热。

【实验仪器】

量热器、精密温度计、物理天平、电冰箱、冰块、温水、量筒、吸水纸、秒表、游标卡尺等。

【实验提示】

本设计实验可参考实验 6（金属比热容的测定）的方法。在量热器中盛放一定数量的、高于室温的水，投入 0 ℃ 的冰块后，搅动使之熔化并测定终温，计算出冰的熔解热。

设计时注意选择好系统的初温、终温、水的质量、冰块的质量等参数，以确保散热修正时，冷热尽可能得以补偿，即系统从外界吸收的热量与系统向外散发的热量尽可能地相等。

实验 34 伏安法测电阻

电阻是导体材料的重要特性。测量电阻的方法很多，伏安法是常用的基本方法之一，原理简单，测量方便，但由于电表内阻接入的影响，会给实验带来一定的系统误差。

【实验目的】

（1）学习设计性实验的一般原则和要求；
（2）根据误差要求和误差分配原则对实验仪器做出合理的选择，确定实验参数。

【实验仪器】

（1）多量程电压表：精确度等级 $a=0.5\%$，量程为 2.5—5.0—10.0（V），内阻为 500—1000—2000（Ω）。
（2）多量程电流表：精确度等级 $a=0.5\%$，量程为 1.5—3.0—7.5—30.0—75.0—150.0—300.0（mA），内阻为 17.0—11.5—5.4—2.5—1.3—0.5—0.2—0.1（Ω）。
（3）直流稳压电源：输出电压范围可调 3—6—12—18—24—30（V）。
（4）滑动变阻器：7 A，10 Ω。

【实验要求】

（1）多量程电压表、多量程电流表测两个电阻的阻值（要求先用万用表粗测）：
① $R_{x_1} \approx 330\,\Omega$，$P=0.5\,\text{W}$；
② $R_{x_2} \approx 8.4\,\Omega$，$P=1\,\text{W}$。
（2）测量结果的相对误差 $E_R \leqslant 15\%$。
（3）确定实验方案，画出完整的实验线路图。
（4）正确选择实验仪器，确定实验参数。
（5）对测量结果引入的系统误差进行修正。

【实验提示】

（1）测量误差的分配：均分法与非均分法。
（2）元器件的额定功率与最高耐压：$U=\sqrt{PR}$。
（3）电压表的精确度等级：

$$a\% = \frac{\Delta U}{U_m} \times 100\%$$

共分 7 级：0.1，0.2，0.5，1.0，1.5，2.5，5.0。
（4）电表测量值的相对误差：

$$E_U = \frac{\Delta U}{U} \times 100\%$$

（5）电流表内接与外接测量结果的理论修正公式：

① 电流表内接

$$R = \frac{U}{I} = R_x + R_A$$

即

$$R_x = \frac{U}{I} - R_A$$

② 电流表外接

$$R = \frac{U}{I} = \frac{R_x R_V}{R_x + R_V}$$

即

$$R_x = \frac{R_V U}{I R_V - U}$$

【分析讨论】

总结进行简单设计性实验的体会。

实验 35 自组显微镜、望远镜

显微镜和望远镜的用途极为广泛。显微镜主要是用来帮助人眼观察近处的微小物体，而望远镜则主要是帮助人眼观察远处的目标。它们的作用都在于增大被观察物体对人眼的张角，起着视角放大的作用。

【实验目的】

（1）了解显微镜和望远镜的构造及其放大原理；
（2）了解焦距、视放大率等概念，并掌握其测量方法；
（3）理解光学仪器分辨本领的物理意义，并测定显微镜和望远镜的分辨本领；
（4）掌握显微镜的正确使用方法，并学会利用显微镜测量微小长度。

【实验仪器】

物镜、目镜、测微显微镜、竖直标尺、导轨滑块、像屏、半透半反镜、玻璃标尺、木尺、带小灯的毫米标尺等。

【实验要求】

（1）测定凹凸透镜的焦距。
（2）用以上凹凸透镜组成显微镜、望远镜，并确定其视放大率。

第6章　研究性实验

随着时代的飞速发展，对大学生创新能力的要求越来越高，验证性实验已不能满足发展的要求，人才的需求也逐渐由过去的知识型向创造型发展，因此，提高学生的研究性、创造性能力非常必要。研究性实验是实验教学的一种新的形式，它不同于综合型、设计性实验，其目的在于培养学生研究实际问题以及培养学生优化实验方案的能力。

研究性实验的重点首先是研究如何精确地测量物理量，即如何制订出合理的实验方案；其次研究影响测量结果的因素，进一步优化实验方案；最后是对测量结果的研究，并从物理机制上去探讨所得到的测量结果。

研究性实验的基本步骤，包含了以下几个方面：

（1）查阅文献，拟定实验题目；

（2）根据测量要求拟定实验方案；

（3）合理选择实验仪器；

（4）实验操作和信息收集；

（5）分析研究实验结果；

（6）写出完整的研究报告。

研究性实验的实验报告内容：

（1）实验题目来源；

（2）实验方案设计；

（3）实验数据的收集和处理；

（4）实验结果的分析研究。包括分析研究实验结果的物理机制、影响测量结果的主要因素等。

实验36　多振子弹簧系统特性研究

【实验目的】

（1）研究多振子弹簧系统的特性；

（2）培养学生发现问题、研究问题和解决问题的实际能力。

【实验仪器】

弹簧组、秒表、连接线等。

【实验原理】

利用弹簧组组成复杂的弹簧振子，分析弹簧振子的振动情况。

【实验要求】

（1）查阅文献，设计实验方案。
（2）实验设备选择。
（3）分析如下问题：
① 多振子弹簧系统的振动情况分析。
② 弹簧振子系统振动周期和弹簧质量的关系。
③ 弹簧振子系统振动周期和弹簧连接方式的关系。

实验 37　仪器设备的系统误差研究

【实验目的】

（1）研究物理测量仪器设备的系统误差特点；
（2）探讨减小物理测量仪器设备系统误差的方法。

【实验仪器】

自选 2~3 种物理测量仪器作为研究对象。

【实验要求】

（1）查阅文献，拟定实验方案。
（2）仔细分析仪器设备的系统误差来源。
（3）给出减小仪器设备系统误差的方法。

实验 38　环境条件对热学实验中绝热要求的影响

【实验目的】

（1）研究热学实验对绝热条件的要求；
（2）探讨满足绝热要求的方法。

【实验仪器】

自选一个热学实验作为研究对象。

（1）查阅文献，拟定实验方案。
（2）仔细分析所选定的热学实验对绝热条件的要求。
（3）给出减小散热的方法。

实验 39 　非接触衍射测微方法研究

【实验目的】

（1）研究利用衍射进行非接触微小量的测量方法；
（2）探讨提高测量精度的方法。

【实验仪器】

按照实验方案及仪器选择方法选择仪器。

【实验要求】

（1）查阅文献，拟定实验方案。
（2）合理选择实验仪器。
（3）找出微小长度测量中的关键点。

实验 40 　光的空间相干性研究

【实验目的】

（1）研究非理想光源的线度对（单缝或双缝、多缝）干涉条纹可见度的影响；
（2）设计实验方案并验证研究结论。

【实验仪器】

按照实验方案及仪器选择方法选择仪器。

【实验要求】

（1）查阅文献，推导非理想光源条件下干涉条纹可见度表达式。
（2）拟定实验方案。
（3）合理选择实验仪器。
（4）通过实验验证结论。

附录 中华人民共和国法定计量单位及常用物理数据

1. 中华人民共和国法定计量单位

（1）国际单位制的基本单位

量的名称	单位名称	单位符号	量的名称	单位名称	单位符号
长度	米	m	热力学温度	开[尔文]	K
质量	千克（公斤）	kg	物质的量	摩[尔]	mol
时间	秒	s	发光强度	坎[德拉]	cd
电流	安[培]	A			

（2）国际单位制的辅助单位

量的名称	单位名称	单位符号
平面角	弧度	rad
立体角	球面度	Sr

（3）国际单位制中具有专门名称的导出单位

量的名称	单位名称	单位符号	用 SI 基本单位的表示式	其他表示式例
频率	赫[兹]	Hz	s^{-1}	
力，重力	牛[顿]	N	$m \cdot kg \cdot s^{-2}$	
压力，压强，应力	帕[斯卡]	Pa	$m^{-1} \cdot kg \cdot s^{-2}$	$N \cdot m^{-2}$
能[量]，功，热量	焦[耳]	J	$m^2 \cdot kg \cdot s^{-2}$	$N \cdot m$
功率，辐[射能]通量	瓦[特]	W	$m^2 \cdot kg \cdot s^{-3}$	$J \cdot s^{-1}$
电荷[量]	库[仑]	C	$s \cdot A$	
电位，电压，电动势，（电势）	伏[特]	V	$m^2 \cdot kg \cdot s^{-3} \cdot A^{-1}$	$W \cdot A^{-1}$
电容	法[拉]	F	$m^{-2} \cdot kg^{-1} \cdot s^4 \cdot A^2$	$C \cdot V^{-1}$
电阻	欧[姆]	Ω	$m^2 \cdot kg \cdot s^{-3} \cdot A^{-2}$	$V \cdot A^{-1}$
电导	西[门子]	S	$m^{-2} \cdot kg^{-1} \cdot s^3 \cdot A^2$	$A \cdot V^{-1}$
磁[通量]	韦[伯]	Wb	$m^2 \cdot kg \cdot s^{-2} \cdot A^{-1}$	$V \cdot s$
磁[通量]密度，磁感应强度	特[斯拉]	T	$kg \cdot s^{-2} \cdot A^{-1}$	$Wb \cdot m^{-2}$
电感	亨[利]	H	$m^2 \cdot kg \cdot s^{-2} \cdot A^{-2}$	$Wb \cdot A^{-1}$
摄氏温度	摄氏度	°C	K	
光通量	流[明]	lm	$cd \cdot sr$	
[光]强度	勒[克斯]	lx	$m^{-2} \cdot cd \cdot sr$	$lm \cdot m^{-2}$
[放射性]活度	贝克[勒尔]	Bq	s^{-1}	
吸收剂量	戈[瑞]	Gy	$m^2 \cdot s^{-2}$	$J \cdot kg^{-1}$
剂量当量	希[沃特]	Sv	$m^2 \cdot s^{-2}$	$J \cdot kg^{-1}$

（4）国家选定的非国际单位制单位

量的名称	单位名称	单位符号	换算关系和说明
时间	分	min	1 min = 60 s
	[小]时	h	1 h = 60 min = 3 600 s
	天，（日）	d	1 d = 24 h = 86 400 s
[平面]角	[角]秒	″	$1'' = （\pi/64\ 800）$ rad（π为圆周率）
	[角]分	′	$1' = 60'' = （\pi/10\ 800）$ rad
	度	°	$1° = 60' = （\pi/180）$ rad
旋转速度	转每分	r · min^{-1}	1 r/min = （1/60）s^{-1}
长度	海里	n mile	1 n mile = 1 852 m（只用于航程）
速度	节	kn	1 kn = 1 n mile · h^{-1} = （1 852/3 600）m · s^{-1}（只用于航行）
质量	吨	t	1 t = 10^3 kg
	原子质量单位	u	1 u ≈ 1.660 5655 × 10^{-27} kg
体积，容积	升	L，（l）	1 L = 1 dm^3 = 10^{-3} m^3
能	电子伏	eV	1 eV ≈ 1.602 177 × 10^{-19}J
级差	分贝	dB	
线密度	特[克斯]	tex	1 tex = 10^{-6} kg · m^{-1}
面积	公顷	hm^2	1 hm^2 = 10^4 m^2

（5）用于构成十进倍数和分数单位的词头

所表示的因数	词头名称	词头符号	所表示的因数	词头名称	词头符号
10^{24}	尧[它]	Y	10^{-1}	分	d
10^{21}	泽[它]	Z	10^{-2}	厘	c
10^{18}	艾[可萨]	E	10^{-3}	毫	m
10^{15}	拍[它]	P	10^{-6}	微	μ
10^{12}	太[拉]	T	10^{-9}	纳[诺]	n
10^{9}	吉[咖]	G	10^{-12}	皮[可]	p
10^{6}	兆	M	10^{-15}	飞[母托]	f
10^{3}	千	k	10^{-18}	阿[托]	a
10^{2}	百	h	10^{-21}	仄[普托]	z
10^{1}	十	da	10^{-24}	幺[科托]	y

注：1. 周、月、年（年的符号为 a），为一般常用时间单位。
　　2. [ ]内的字，是在不致混淆的情况下，可以省略的字。
　　3.（ ）内的字为前者的同义语。
　　4. 平面角单位度、分、秒的符号，在组合单位中采用（°），（′），（″）的形式。例如，不用°·s^{-1}而用（°）·s^{-1}。
　　5. 升的两个符号属同等地位，可任意选用。
　　6. r 为"转"的符号。
　　7. 人民生活和贸易中，质量习惯称为重量。
　　8. 公里为千米的俗称，符号为 km。
　　9. 10^4称为万，10^8称为亿，10^{12}称为万亿，这类数词的使用不受词头名称的影响，但不应与词头混淆。

2. 常用物理数据

（1）基本物理常量

名　　称	符号、数值和单位
真空中的光速	$c = 2.997\ 92458 \times 10^8\ \mathrm{m \cdot s^{-1}}$
电子的电荷	$e = 1.602\ 1892 \times 10^{-19}\mathrm{C}$
普朗克常量	$h = 6.626\ 176 \times 10^{-34}\mathrm{J \cdot s}$
阿伏伽德罗常量	$N_0 = 6.022\ 045 \times 10^{23}\ \mathrm{mol^{-1}}$
原子质量单位	$u = 1.660\ 5655 \times 10^{-27}\ \mathrm{kg}$
电子的静止质量	$m_e = 9.109\ 534 \times 10^{-31}\ \mathrm{kg}$
电子的荷质比	$e/m_e = 1.758\ 8047 \times 10^{11}\mathrm{C \cdot kg^{-1}}$
法拉第常量	$F = 9.648\ 456 \times 10^4\mathrm{C \cdot mol^{-1}}$
氢原子的里德伯常量	$R_\mathrm{H} = 1.096\ 776 \times 10^7\ \mathrm{m^{-1}}$
摩尔气体常量	$R = 8.314\ 41\mathrm{J \cdot mol^{-1} \cdot k^{-1}}$
玻尔兹曼常量	$k = 1.380\ 622 \times 10^{-23}\mathrm{J \cdot K^{-1}}$
洛施密特常量	$n = 2.687\ 19 \times 10^{25}\ \mathrm{m^{-3}}$
万有引力常量	$G = 6.672\ 0 \times 10^{-11}\mathrm{N \cdot m^2 \cdot kg^{-2}}$
标准大气压	$P_0 = 101\ 325\ \mathrm{Pa}$
冰点的绝对温度	$T_0 = 273.15\ \mathrm{K}$
声音在空气中的速度（标准状态下）	$v = 331.46\ \mathrm{m \cdot s^{-1}}$
干燥空气的密度（标准状态下）	$\rho_{空气} = 1.293\ \mathrm{kg \cdot m^{-3}}$
水银的密度（标准状态下）	$\rho_{水银} = 13\ 595.04\ \mathrm{kg \cdot m^{-3}}$
理想气体的摩尔体积（标准状态下）	$V_\mathrm{m} = 22.413\ 83 \times 10^{-3}\ \mathrm{m^3 \cdot mol^{-1}}$
真空中介电常量（电容率）	$\varepsilon_0 = 8.854\ 188 \times 10^{-12}\mathrm{F \cdot m^{-1}}$
真空中磁导率	$\mu_0 = 12.566\ 371 \times 10^{-7}\mathrm{H \cdot m^{-1}}$
钠光谱中黄线的波长	$D = 589.3 \times 10^{-9}\ \mathrm{m}$
镉光谱中红线的波长（15 ℃，101 325 Pa）	$\lambda_\mathrm{cd} = 643.846\ 96 \times 10^{-9}\ \mathrm{m}$

（2）在20℃时某些固体和液体的密度 ρ

物质	密度ρ/（$\mathrm{kg \cdot m^{-3}}$）	物质	密度ρ/（$\mathrm{kg \cdot m^{-3}}$）
铝	2 698.9	石英	25 00 ～ 2 800
铜	8 960	水晶玻璃	2 900 ～ 3 000
铁	7 874	冰（℃）	880 ～ 920
银	10 500	乙醇	789.4
金	19 320	乙醚	714
钨	19 300	汽车用汽油	710 ～ 720
铂	21 450	弗利昂-12	1 329
铅	11 350	变压器油	840 ～ 890
锡	7 298	甘油	1 260
水银	13 546.2	蓖麻油	965
钢	7 600 ～ 7 900		

（3）在标准大气压下不同温度时水的密度 ρ

温度 t/°C	密度 ρ/（kg·m^{-3}）	温度 t/°C	密度 ρ/（kg·m^{-3}）	温度 t/°C	密度 ρ/（kg·m^{-3}）
0	999.841	16	998.943	32	995.025
1	999.900	17	998.774	33	994.702
2	999.941	18	998.595	34	994.371
3	999.965	19	998.405	35	994.031
4	999.973	20	998.203	36	993.68
5	999.965	21	997.992	37	993.33
6	999.941	22	997.770	38	992.96
7	999.902	23	997.538	39	992.59
8	999.849	24	997.296	40	992.21
9	999.781	25	997.044	50	988.04
10	999.700	26	996.783	60	983.21
11	999.605	27	996.512	70	977.78
12	999.498	28	996.232	80	971.80
13	999.377	29	995.944	90	965.31
14	999.244	30	995.646	100	958.35
15	999.099	31	995.340		

（4）在海平面上不同纬度处的重力加速度 g

纬度 ϕ/°	g/（m·s^{-2}）	纬度 ϕ/°	g/（m·s^{-2}）
0	9.780 49	50	9.810 79
5	9.780 88	55	9.815 15
10	9.782 04	60	9.819 24
15	9.783 94	65	9.822 94
20	9.786 52	70	9.826 14
25	9.789 69	75	9.828 73
30	9.783 38	80	9.830 65
35	9.797 46	85	9.831 82
40	9.801 80	90	9.832 21
45	9.806 29		

注：表中所列数值是根据公式 $g = 9.780\,49\,(1 + 0.005\,288\sin^2\phi - 0.000\,006\sin^2 2\phi)$ 算出的，其中 ϕ 为纬度。

（5）固体的线膨胀系数 α

物质	温度或温度范围/℃	$\alpha/\times(10^{-6}\,℃^{-1})$
铝	0~100	23.8
铜	0~100	17.1
铁	0~100	12.2
金	0~100	14.3
钢（0.05%碳）	0~100	12.0
康铜	0~100	15.2
铅	0~100	29.2
锌	0~100	32
铂	0~100	9.1
钨	0~100	4.5
石英玻璃	20~200	0.56
窗玻璃	20~200	9.5
花岗石	20	6~9
瓷器	20~700	3.4~4.1

（6）在 20℃ 时某些金属的杨氏弹性模量 Y

金属	杨氏弹性模量 Y	
	$Y/(\times10^{10}\,N\cdot m^{-2})$	$Y/(kgf\cdot mm^{-2})$
铝	6.9~7.0	7 000~7 100
钨	40.7	41 500
铁	18.6~20.6	19 000~21 000
铜	10.3~12.7	10 500~13 000
金	7.7	7 900
银	6.9~8.0	7 000~8 200
锌	7.8	8 000
镍	20.3	20 500
铬	23.5~24.5	24 000~25 000
合金钢	20.6~21.6	21 000~22 000
碳钢	19.6~20.6	20 000~21 000
康铜	16.0	16 300

注：杨氏弹性模量的值与材料的结构、化学成分及其加工制造方法有关。因此，在某些情况下，Y 的值可能与表中所列的平均值不同。

（7）在 20 °C 时与空气接触的液体的表面张力系数 γ

液体	$\gamma/(\times 10^{-3}\text{N}\cdot\text{m}^{-1})$	液体	$\gamma/(\times 10^{-3}\text{N}\cdot\text{m}^{-1})$
石油	30	甘油	63
煤油	24	水银	513
松节油	28.8	蓖麻油	36.4
水	72.75	乙醇	22.0
肥皂溶液	40	乙醇（在 60 °C 时）	18.4
弗利昂—12	9.0	乙醇（在 0 °C 时）	24.1

（8）在不同温度下与空气接触的水的表面张力系数 γ

温度/°C	$\gamma/(\times 10^{-3}\text{N}\cdot\text{m}^{-1})$	温度/°C	$\gamma/(\times 10^{-3}\text{N}\cdot\text{m}^{-1})$	温度/°C	$\gamma/(\times 10^{-3}\text{N}\cdot\text{m}^{-1})$
0	75.62	16	73.34	30	71.15
5	74.90	17	73.20	40	69.55
6	74.76	18	73.05	50	67.90
8	74.48	19	72.89	60	66.17
10	74.20	20	72.75	70	64.41
11	74.07	21	72.60	80	62.60
12	73.92	22	72.44	90	60.74
13	73.78	23	72.28	100	58.84
14	73.64	24	72.12		
15	73.48	25	71.96		

（9）液体的黏度系数 η

液体	温度/°C	$\eta/(\mu\text{Pa}\cdot\text{s})$	液体	温度/°C	$\eta/(\mu\text{Pa}\cdot\text{s})$
汽油	0	1 788	水	0	1 787.8
	18	530		10	1 305.3
甲醇	0	817		20	1 004.2
	20	584		30	801.2
乙醇	−20	2 780		40	653.1
	0	1 780		50	549.2
	20	1 190	蓖麻油	0	530×10^4
乙醚	0	296		10	242×10^4
	20	243		15	151×10^4
变压器油	20	19 800		20	95.0×10^4
葵花子油	20	50 000		25	62.1×10^4
蜂蜜	20	650×10^4		30	45.1×10^4
	80	100×10^3		35	31.2×10^4
				40	23.1×10^4

（10）不同温度时干燥空气中的声速 v（单位：m·s^{-1}）

温度/℃	0	1	2	3	4	5	6	7	8	9
60	366.05	366.60	367.14	367.69	368.24	368.78	369.33	369.87	370.42	370.96
50	360.51	361.07	361.62	362.18	362.74	363.29	363.84	364.39	364.95	365.50
40	354.89	355.46	356.02	356.58	357.15	357.71	358.27	358.83	359.39	359.95
30	349.18	349.75	350.33	350.90	351.47	352.04	352.62	353.19	353.75	354.32
20	343.37	343.95	344.54	345.12	345.70	346.29	346.87	347.44	348.02	348.60
10	337.46	338.06	338.65	339.25	339.84	340.43	341.02	341.61	342.20	342.58
0	331.45	332.06	332.66	333.27	333.87	334.47	335.07	335.67	336.27	336.87
−10	325.33	324.71	324.09	323.47	322.84	322.22	321.60	320.97	320.34	319.52
−20	319.09	318.45	317.82	317.19	316.55	315.92	315.28	314.64	314.00	313.36
−30	312.72	312.08	311.43	310.78	310.14	309.49	308.84	308.19	307.53	306.88
−40	306.22	305.56	304.91	304.25	303.58	302.92	302.26	301.59	300.92	300.25
−50	299.58	298.91	298.24	397.56	296.89	296.21	295.53	294.85	294.16	293.48
−60	292.79	292.11	291.42	290.73	290.03	289.34	288.64	287.95	287.25	286.55
−70	285.84	285.14	284.43	283.73	283.02	282.30	281.59	280.88	280.16	279.44
−80	278.72	278.00	277.27	276.55	275.82	275.09	274.36	273.62	272.89	272.15
−90	271.41	270.67	269.92	269.18	268.43	267.68	266.93	266.17	265.42	264.66

（11）物质的导热系数 λ

物质	温度/K	$\lambda/(\times10^2\text{W}\cdot\text{m}^{-1}\cdot\text{K}^{-1})$	物质	温度/K	$\lambda/(\times10^2\text{W}\cdot\text{m}^{-1}\cdot\text{K}^{-1})$
银	273	4.18	康铜	273	0.22
铝	273	2.38	不锈钢	273	0.14
金	273	3.11	镍铬合金	273	0.11
铜	273	4.01	软木	273	0.3×10^{-3}
铁	273	0.82	橡胶	298	1.6×10^{-3}
黄铜	273	1.23	玻璃纤维	323	0.4×10^{-3}

（12）物质的比热容 c

物质	温度/℃	比热容/（J·kg^{-1}·K^{-1}）	物质	温度/℃	比热容/（J·kg^{-1}·K^{-1}）
铝	25	908	铁	25	460
黄铜	25	389	锌	25	389
铜	25	385	玻璃	20	590～920
康铜	25	420	水	25	4 179

（13）某些金属和合金的电阻率及其温度系数

金属 或合金	电阻率/ $(\times 10^{-6}\,\Omega\cdot m)$	温度系数 $/^{\circ}C^{-1}$	金属 或合金	电阻率/ $(\times 10^{-6}\,\Omega\cdot m)$	温度系数 $/^{\circ}C^{-1}$
铝	0.028	42×10^{-4}	锌	0.059	42×10^{-4}
铜	0.017 2	43×10^{-4}	锡	0.12	44×10^{-4}
银	0.016	40×10^{-4}	水银	0.958	10×10^{-4}
金	0.024	40×10^{-4}	武德合金	0.52	37×10^{-4}
铁	0.098	60×10^{-4}	钢（0.10%～0.15%碳）	0.10～0.14	6×10^{-3}
铅	0.205	37×10^{-4}	康铜	0.47～0.51	$(-0.04～+0.01)\times10^{-3}$
铂	0.105	39×10^{-4}	铜锰镍合金	0.34～1.00	$(-0.03～+0.02)\times10^{-3}$
钨	0.055	48×10^{-4}	镍铬合金	0.98～1.10	$(0.03～0.4)\times10^{-3}$

注：电阻率与金属中的杂质有关，因此表中列出的只是20℃时电阻率的平均值。

（14）几种标准温差电偶

名　　称	分度号	100 ℃时的电 动势/mV	使用温度 范围/℃
铜—康铜（Cu55Ni45）	CK	4.26	$-200～300$
镍铬（Cr9～10Si0.4Ni90）—康铜（Cu56～57Ni43～44）	EA—2	6.95	$-200～800$
镍铬（Cr9～10Si0.4Ni90）—镍硅（Si2.5～3Co<0.6Ni97）	EV—2	4.10	1 200
铂铑（Pt90Rh10）—铂	LB—3	0.643	1 600
铂铑（Pt70Rh30）—铂铑（Pt94Rh6）	LL—2	0.034	1 800

（15）铜-康铜热电偶的温差电动势（自由端温度0 ℃）（单位：mV）

康铜的温度 /℃	铜的温度/℃										
	0	10	20	30	40	50	60	70	80	90	100
0	0.000	0.389	0.787	1.194	1.610	2.035	2.468	2.909	3.357	3.813	4.277
100	4.227	4.749	5.227	5.712	6.204	6.702	7.207	7.719	8.236	8.759	9.288
200	9.288	9.823	10.363	10.909	11.459	12.014	12.575	13.140	13.710	14.285	14.864
300	14.864	15.448	16.035	16.627	17.222	17.821	18.424	19.031	19.642	20.256	20.873

（16）铜-康铜热电偶分度表

温度/℃	热电势/mV									
	0	1	2	3	4	5	6	7	8	9
-10	-0.383	-0.421	-0.458	-0.496	-0.534	-0.571	-0.608	-0.646	-0.683	-0.720
-0	0.000	-0.039	-0.077	-0.116	-0.154	-0.193	-0.231	-0.269	-0.307	-0.345
0	0.000	0.039	0.078	0.117	0.156	0.195	0.234	0.273	0.312	0.351
10	0.391	0.430	0.470	0.510	0.549	0.589	0.629	0.669	0.709	0.749
20	0.789	0.830	0.870	0.911	0.951	0.992	1.032	1.073	1.114	1.155
30	1.196	1.237	1.279	1.320	1.361	1.403	1.444	1.486	1.528	1.569
40	1.611	1.653	1.695	1.738	1.780	1.882	1.865	1.907	1.950	1.992
50	2.035	2.078	2.121	2.164	2.207	2.250	2.294	2.337	2.380	2.424
60	2.467	2.511	2.555	2.599	2.643	2.687	2.731	2.775	2.819	2.864
70	2.908	2.953	2.997	3.042	3.087	30131	3.176	3.221	3.266	2.312
80	3.357	3.402	3.447	3.493	3.538	3.584	3.630	3.676	3.721	3.767
90	3.813	3.859	3.906	3.952	3.998	4.044	4.091	4.137	4.184	4.231
100	4.277	4.324	4.371	4.418	4.465	4.512	4.559	4.607	4.654	4.701
110	4.749	4.796	4.844	4.891	4.939	4.987	5.035	5.083	5.131	5.179

（17）在常温下某些物质相对于空气的光的折射率

物质	H_α线（656.3 nm）	D线（589.3 nm）	H_β线（486.1 nm）
水（18 ℃）	1.331 4	1.333 2	1.337 3
乙醇（18 ℃）	1.360 9	1.362 5	1.366 5
二硫化碳（18 ℃）	1.619 9	1.629 1	1.654 1
冕玻璃（轻）	1.512 7	1.515 3	1.521 4
冕玻璃（重）	1.612 6	1.615 2	1.621 3
燧石玻璃（轻）	1.603 8	1.608 5	1.620 0
燧石玻璃（重）	1.743 4	1.751 5	1.772 3
方解石（寻常光）	1.654 5	1.658 5	1.667 9
方解石（非常光）	1.484 6	1.486 4	1.490 8
水晶（寻常光）	1.541 8	1.544 2	1.549 6
水晶（非常光）	1.550 9	1.553 3	1.558 9

（18）常用光源的谱线波长表（单位：nm）

一、H（氢）	447.15 蓝	589.592（D₁）黄
656.28 红	402.62 蓝紫	588.995（D₂）黄
486.13 绿蓝	388.87 蓝紫	五、Hg（汞）
434.05 蓝	三、Ne（氖）	623.44 橙
410.17 蓝紫	650.65 红	579.07 黄
397.01 蓝紫	640.23 橙	576.96 黄
二、He（氦）	638.30 橙	546.07 绿
706.52 红	626.25 橙	491.60 绿蓝
667.82 红	621.73 橙	435.83 蓝
587.56（D₃）黄	614.31 橙	407.78 蓝紫
501.57 绿	588.19 黄	404.66 蓝紫
492.19 绿蓝	585.25 黄	六、He—Ne 激光
471.31 蓝	四、Na（钠）	632.8 橙

参考文献

[1]　费业泰. 误差理论与数据处理[M]. 6 版. 北京：机械工业出版社，2010.

[2]　杨述武. 普通物理实验（1~4 册）[M]. 3 版. 北京：高等教育出版社，2000.

[3]　朱鹤年. 基础物理实验教程[M]. 北京：高等教育出版社，2003.

[4]　李平. 大学物理实验[M]. 北京：高等教育出版社，2004.

[5]　沈元华，陆申龙. 基础物理实验[M]. 北京：高等教育出版社，2003.

[6]　向必纯. 大学物理实验[M]. 成都：西南交通大学出版社，2008.

[7]　赵青生. 大学物理实验[M]. 合肥：安徽大学出版社，2004.

[8]　丁慎训，张连芳. 物理实验教程[M]. 北京：清华大学出版社，2002.

[9]　朱鹤年. 物理实验研究[M]. 北京：清华大学出版社，1994.

[10]　周殿清. 大学物理实验[M]. 武汉：武汉大学出版社，2002.

[11]　吕斯骅，段家忾. 基础物理实验[M]. 北京：北京大学出版社，2002.

[12]　林抒，龚镇雄. 普通物理实验[M]. 北京：人民教育出版社，1983.

[13]　隋成华，林国成. 大学基础物理教程[M]. 上海：上海科学普及出版社，2004.